"十四五"普通高等教育本科部委级规划教材

中央高校基本科研业务费专项资金资助（项目编号：2021RC016,2022RC035）

环境与生态创新研究书库　丛书主编/李祥珍

# 零耗建筑与低碳园区设计概论

### 李祥珍　刘柱　郅红　李岩/主编

U0216859

中国纺织出版社有限公司

**图书在版编目(CIP)数据**

零耗建筑与低碳园区设计概论 / 李祥珍等主编.
北京：中国纺织出版社有限公司，2025.1 ——（"十
四五"普通高等教育本科部委级规划教材（环境与生态
创新研究书库）—— ISBN 978-7-5229-2334-5

Ⅰ.TU27

中国国家版本馆CIP数据核字第2025PH8434号

---

责任编辑：郭　婷　　责任校对：王蕙莹　　责任印制：储志伟

---

中国纺织出版社有限公司出版发行
地址：北京市朝阳区百子湾东里 A407 号楼　邮政编码：100124
销售电话：010—67004422　传真：010—87155801
http://www.c-textilep.com
中国纺织出版社天猫旗舰店
官方微博 http://weibo.com/2119887771
河北延风印务有限公司印刷　各地新华书店经销
2025 年 1 月第 1 版第 1 次印刷
开本：787×1092　1/16　印张：11.25
字数：250 千字　定价：58.00 元

---

凡购本书，如有缺页、倒页、脱页，由本社图书营销中心调换

# 编委会

主　编：李祥珍　刘柱　郅红　李岩

副主编：李温静　朱耀东　柴利　冯笑

参　编：田英涛　王宁　潘轲　张楠　王永贵

　　　　张今朝　张帅　马红月　杜月　刘宇航

　　　　张晓惠　杨济源　管佳远

# 前　言

工业革命以来，人类的生产生活高度依赖科技进步和能源消耗，高耗能的运作带来了大量的温室气体排放，从而加剧了全球变暖的趋势。根据 2013 年第五次 IPCC（联合国政府间气候变化专门委员会）报告，全球气候变暖 95% 以上的原因是人类活动造成的。日益严峻的气候问题已成为需要全人类共同面对和解决的重大挑战。合作应对人为气候变化的努力促成了《巴黎气候协定》的签署，其中每个签署国都承诺减少温室气体的排放。在此背景下，发展低碳经济是应对气候变化、实现可持续发展的基本途径。低碳经济是对传统高碳经济发展模式的改革，它的主要目标是通过"低能耗、低排放、低污染"取得"高效能、高效率、高效益"，这代表了一种新型的、可持续的社会经济活动和经济发展模式。在核算生命周期能源使用和碳排放时，学者们发现建筑行业造成了大量的能源消耗，包括建筑材料开采、加工、制造和运输所用的能源，建筑运营期间所消耗的能源以及建筑施工和报废所消耗的能源。同时，建筑引起的温室气体排放是全球温室气体排放的重要来源，约占全球排放量的三分之一。因此，建筑行业的低碳行动对环境的可持续发展会产生积极的促进作用。

近年来，人们对零耗建筑的兴趣日益增长。零耗建筑主要涉及两种设计思路，一是通过更节能的措施，尽量减少建筑物（特别是供暖和冷却）的能源使用需求；二是采用可再生能源和其他技术以满足最低能源需求。零耗建筑不仅有效地缓解了能源紧缺问题，同时也实现了废物的循环再利用。作为产业发展的基础，产业园也应该在规划设计上应用低碳策略，从而促进园区经济的可持续发展。低碳产业园的建设依赖于两条并行思路：从产业规划和功能布局方面考虑，需要遵循循环经济产业链条，使园区内的企业形成一条完整的产业链条，从而实现资源的最优化利用；从生态保护角度考虑，应用绿色建筑技术，在充分利用现有环境的基础上，创造人与环境共存的新景观。"十四五"以来，我国大力推广低碳节能的环保产业发展，采用多种方法积极建设低碳产业园，包括土地集约化管理、淘汰产能落后的高碳模式、提高消耗低碳能源的权重、利用生态招商优化产业结构、建立生态景观体系、推广绿色建筑等。

在此背景下，培养一批掌握低碳建筑设计理念、具备零耗建筑和低碳园区设计知识储备、具有国际化视野的优秀专业人才尤为重要。本书用语通俗易懂、知识深入浅出，全面涵盖了零耗建筑以及低碳园区设计的基本理论和设计思路。主要内容有零耗建筑与低碳园区基本概念（第 1 章）、零耗建筑设计的基础理论（第 2 章）、零耗建筑设计（第 3 章）、建筑节能监控系统（第 4 章）、低碳工业园区设计与规划技术（第 5 章）、低碳工业园区能源互联网系统（第 6 章）、绿色低碳工业园区评价体系（第 7 章）、零耗建筑与低碳园区典型案例（第 8 章）等。其中，第 8 章特别设计了零耗建筑与相关园区的实践情况，主要聚焦于该领域的一些前沿和热点案例，通过对这些案例的导读与探讨，让读者进一步了解低碳在工业园区开发上的前沿研究动态。本书适用于环境、城市规划、管理科学、建筑设计等专业的学生学习使用，也适用于其他类专业在有关低碳经济发展模式的通识类课程或选修课程中使用。

此外本书还有许多创新之处。首先，在讲述基本概念时，引入了国内外的经典案例，让读者以全球视角深刻地理解零耗建筑的发展现状和实践情况。通过对国内外各种案例的导入和剖析，给学生带来全球化的视野，从宏观角度了解该领域全球性的发展格局，启发学生提升我国零耗建筑技术创新水平。其次，在内容安排上采取了从微观到宏观的思路，先从零耗建筑的基础设计着手，最后扩展到对低碳工业园区设计概念的描述。这样的内容设计逻辑清楚、层层深入，有助于引导学生从浅入深、从狭到广地学习该领域的专业知识，在夯实基础的同时提高学生的专业能力和全局观。

本书在编写时引用了许多国内外相关领域的最新成果。在此向成果引用涉及的专家和学者致以由衷的感谢。由于作者水平有限，不足之处敬请批评、指正，真诚希望读者提出宝贵意见。

编者

2024 年 8 月

# 目 录

# 第1章 零耗建筑与低碳园区基本概念

**本章导读**

　　环境、气候和能源等制约着人类的生存和发展，零耗能和低碳发展成了世界各国的共识。本章主要阐述了零耗建筑和低碳园区的背景和特征，分析了零耗建筑和低碳园区的发展现状，提出了零耗建筑和低碳园区基本概念，诠释了两者的发展趋势。

## 1.1 零耗建筑

　　"零耗建筑"（Zero Energy Building，ZEB）是一种高效节能的建筑设计理念，旨在通过各种节能材料、技术和手段，实现建筑在一定周期内（通常为一年）的总能耗与自身产生的可再生能源之间的平衡，从而达到净零能耗的目标。这种建筑不仅能够显著降低能耗，还能减少对环境的影响，是可持续发展和绿色建筑发展的重要方向。

### 1.1.1 概念起源与发展

　　"零耗建筑"的概念最早可以追溯到 1976 年，丹麦技术大学的 Torben V. Esbensen 等人围绕使用太阳能为建筑物供暖进行了理论和实验研究，并提出了"零耗建筑（住宅）"（Zero Energy House）这一术语。Esbensen 选择了一座丹麦单层独户居住建筑，对其建筑外保温构造进行了严格的处理，使其冬季供暖能耗从通常单体居住建筑的 20 000kW·h/a 降低为 2300kW·h/a（kW·h/a 为电力负荷密度单位）。此外，他们还采用了 42m² 的太阳能集热器和 30 个保温良好的蓄水池组成了供暖系统，以满足建筑物的冬季供暖需求。据检测，太阳能集热器吸收的热量为 7300kW·h/a，其中 30% 用于建筑物冬季供暖，30% 用于热水供应，40% 通过蓄热水箱损失，水泵等辅助设备耗电为 230kW·h/a（约占集热器吸收热量的 5%）。Esbensen 认为，通过良好的设计和建造，采用太阳能为主要能源而无须其他能源就能保证建筑物冬季供暖的建筑，即为"零耗建筑（住宅）"。

　　随后，各国开始对这一概念进行深入研究。1992 年，德国的 Voss.K 提出"无源建筑"（Energy Autonomous House，也称 Self-sufficient Solar House），即无须和外界能源基础设施相连，通过太阳能光热光电系统与蓄能技术集成应用，就能保证建筑所有时段能源供应的建筑。"无源建筑"要求建筑物在以年为时间单位的时段内达到能量或排放量中和。考虑到建筑物连接外部能源的情况，如接入电网，Voss.K 进一步提出了"零耗建筑"（Zero-Energy

Building）的定义，即自身可发电，通过与公共电网相连既可以利用建筑物发电上网也可以使用电网为建筑物供电，在以年为单位的情况下，一次能源产生和消耗可以达到平衡的建筑物。随后，Kilkis 定义了"净零耗建筑"（Net Zero Energy Building）：在区域能源网中，在特定时间段内，建筑与能源系统互相输入输出的能耗值为零的建筑物。Torcellini 等通过分析，总结了四类常见的"零耗建筑"定义，即"净（现场）零耗建筑"（Net Zero Site Energy）、"净（一次）零耗建筑"（Net Zero Source Energy）、"净零耗账单建筑"（Net Zero Energy Cost）、"净零排放建筑"（Net Zero Energy Emission）。

　　欧洲目前公认的更加广泛且可实施的为"近零耗建筑"（Nearly Zero-Energy Buildings）。对于"近零耗建筑"，各国定义不同，如德国的"被动房"（Passive House），指在满足规范要求的舒适度和健康标准的前提下，全年供暖通风空调系统的能耗在 0.15kW·h/（m²·a）的范围内、建筑物总能耗低于 120kW·h/（m²·a）的建筑；瑞士的"近零耗房"（Minergie），要求按此标准建造的建筑其总体能耗不高于常规建筑的 75%，化石燃料消耗低于常规建筑的 50%；意大利的"气候房"（Climate House，Casaclima），指全年供暖通风空调系统的能耗在 30kW·h/（m²·a）以下的建筑。

　　"零耗建筑"的概念在近 40 多年里得到了广泛的关注和发展，不同国家对该概念的定义和所指建筑类型的表述有差异，通常指低层（3 层及以下）居住建筑，能耗计算主要以建筑物供暖供冷能耗为主，部分国家也考虑了照明和家电能耗，相关定义中英文及所指建筑类型以及能耗计算范围比对见表 1-1。

表1-1　"零耗建筑"及相关定义一览表

| 国家联盟 | 定义名词 | | 建筑类型 | | | 能耗计算范围 | | |
|---|---|---|---|---|---|---|---|---|
| | 英文 | 中文 | 低层居住建筑 | 多/高层居住建筑 | 公共建筑 | 供暖 | 供冷 | 照明、家电、热水 |
| 丹麦 | Zero Energy house | 零耗住宅 | √ | × | × | √ | × | × |
| 德国 | Energy Autonomous House | 无源建筑 | √ | × | × | √ | √ | √ |
| 德国 | Zero Energy Building | 零耗建筑 | √ | √ | √ | √ | √ | √ |
| 德国 | Passive House | 被动房 | √ | √ | √ | √ | √ | √ |
| 瑞士 | Minergic | 迷你能耗房 | √ | × | × | √ | √ | √ |
| 意大利 | Climate House | 气候房 | √ | × | × | √ | × | √ |
| 加拿大 | Net Zero Energy Solar Commuties | 零耗太阳能社区 | √ | × | × | √ | √ | √ |
| 美国 | Zero Energy House | 零耗住宅 | √ | × | × | √ | √ | √ |
| 美国 | Zero Energy Building | 零耗建筑 | × | √ | √ | √ | √ | √ |
| 美国 | Zero-Net-Energy Commercial Building | 净零耗公共建筑 | × | × | √ | √ | √ | √ |
| 欧盟 | Nearly Zero-Energy Huildings | 近零耗建筑 | √ | √ | √ | √ | √ | √ |
| 英国 | Zero-Carbon Home | 零碳居住建筑 | √ | × | × | √ | √ | √ |
| 比利时 | Low-Energy House | 低能耗居住建筑 | √ | √ | × | √ | √ | √ |

## 1.1.2　定义与参数

　　零耗建筑的设计理念强调整体性和系统性，不仅包括建筑本身的节能设计，还涉及建筑的位置、方向、材料选择、室内环境控制等多个方面。通过对国际上"零耗建筑"及相关定义的比对研究可以发现，虽然"零耗建筑"一词听起来很容易理解，似乎很容易定义，但目前各国政府及机构对于零耗建筑的边界划分、计算范围、衡量指标、转换系数、平衡周期等还都不尽相同。

### 1.1.2.1　物理边界划分

物理边界的划分对能耗平衡的计算有着较大的影响。对建筑物来说，以单栋建筑还是建筑群（小区）作为计算对象，是需要探讨的问题。目前国际大多数意见还是以单栋建筑为计算对象，根据是否与电网连接，将零耗建筑分为两种，一种是"上网零耗建筑"（On-grid Zero-Energy Building），其由电网输送给建筑物的能量和建筑物返回给电网的能量达到平衡，即在计算期内，电表读数为 0；另一种是"网下零耗建筑"（Off-grid Zero Energy Building），即与建筑一体化或建筑物附近与建筑物连接的可再生能源供电供热系统提供的能量和建筑能源需求量保持平衡，这类建筑也被称为"无源建筑"（Energy Autonomous Building）、"太阳能自足建筑"（Self-sufficient Solar House）。

建筑物理边界的划分对于如何确定"在线供电系统"（On-site Generation System）很有帮助，如果此类系统在建筑物理边界单位内或建筑物附近，只为建筑物提供能量，就可以被认为是"在线系统"并将其考虑入系统平衡计算，例如使用安装在建筑物附近停车场的 PV 系统为建筑物供电时，则应将其考虑在计算范围内；如果此类系统不在建筑物附近，则认为其为"网下系统"（Off-site）。

根据实际情况，我国大部分地区集中建设的城镇建筑物都会和电网、热网等基础设施相连接；同时，我国部分气候区村镇建筑物可能会因无须连接电网而独立存在。考虑到我国气候区众多，不同建筑物供暖供冷能耗差别很大，我国"零耗建筑"可以分为"与外网连接"和"无外网连接"两种情况。零耗建筑计算边界示意图如图 1-1 所示。

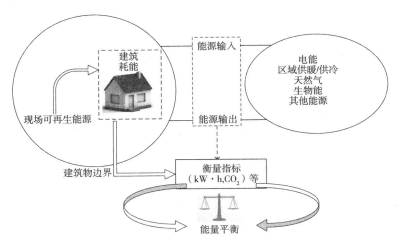

图1-1　零耗建筑计算边界

#### 1.1.2.2　能耗计算范围

按照节能设计标准，与建筑物设计相关的能耗包括供暖、供冷、通风、照明、热水使用等负荷，但也有许多与用户关联度较大的负荷，如插座负荷、电动汽车负荷还没有进入平衡计算。如果未来能源网中电动汽车使用量大幅度提升，虽然不会对建筑物负荷造成影响，但使用这类产品和设备会对建筑物用电平衡有影响。随着我国国民经济生活水平提高，居民用电进一步增多，相关数据逐步完善，应在平衡计算时加入插座能耗等相关能耗。

如果建筑物无法达到零能耗，可通过购买绿色电能或者对绿色工程或基金投资，从而认为其满足零能耗要求，如英国的"零碳居住建筑"(Zero-Carbon Home) 要求新建建筑比2006年至少节能70%，但同时允许建造商通过国家投资基金对一些低碳和零碳的项目投资，从而认为其达标。这类政策更类似于碳排放交易，如何能使其真正推动建筑节能工作还需要和财政部门密切配合。

#### 1.1.2.3　衡量指标

目前共有四类指标可以用于衡量零耗建筑：终端用能、一次能源、能源账单、能源碳排放。四类指标的评价结论相差很多，如衡量地源热泵系统或者建筑光电一体化系统等可再生能源建筑的应用对节能减排的效果，采用不同指标得出的结论会不同。通常认为采用终端用能形式或者能源账单作为衡量零耗建筑的指标，操作起来相对容易，引入"火用"的概念更能体现建筑物对环境的影响，以"火用"为衡量单位更加合理，但用"火用"作为指标进行计算，相对复杂且普及度低。

根据我国实际情况，由于我国气候区多，南北气候差异大，对于衡量指标，是确定一个，还是选择多个，需要具体问题具体分析。例如，一栋建筑物夏天可以通过自身配备的 PV 系统发电，冬天需要靠燃烧生物质能或化石燃料供暖，其"零耗"的平衡计算就相对复杂，很难用一个参数对其进行平衡计算。但对于新建建筑，在系统相对简单的情况下，使用终端用能作为计算单位更便于各方就定义达成一致以及进行系统模拟计算，便于工作推广。

#### 1.1.2.4　转换系数

在统一衡量指标后，所有与建筑物相关的能量就需要通过不同的转换系数转换到与衡量指标单位一致。能源供给和使用链上的全部能源种类都需要转换，包括一次能源、可再生能源、换热、传输电网和热网。由于各个国家的能源结构不同，电网、热网组成不同，且随着可再生能源发电规模的逐步扩大，各国、同国家不同地区的转换系数都有很大差异，且变化很快。转换系数的确定，对"零耗建筑"计算结果影响很大。

#### 1.1.2.5　平衡周期

多数专家认为以年为单位进行能量平衡计算最为简单合理，但 Hernandez 和 Kenny 等认为也可以使用 30 年或 50 年作为平衡周期，因为通常在 30 年或 50 年时，建筑物会进行一次大修，每次大修的变化因素都会对建筑负荷有很大影响，而且以建筑全寿命期为单位也可以将建材、建造等阶段一起考虑进来。我国目前采用以年为周期进行能量平衡计算。

# 1.2　低碳园区

"低碳园区"是指在园区规划、空间布局、产业链设计、能源利用、资源利用、基础设施、生态环境、运行管理等方面贯彻实施绿色低碳理念和举措的工业园区。它强调在满足必要的运行条件下，以系统产生最少的温室气体排放获得最大的社会产出。园区要在温室气体排放总量和排放强度上均体现低碳，而且园区系统在减碳的同时，必须保障园区必要的运行，以及园区碳排放量的最小化与社会价值的最大化。

## 1.2.1　概念起源与发展

国外学者将低碳生态园区称之为生态工业园（Eco-Industrial Park，EIP），在这一概念里蕴含着多维的解读。最早提出生态工业园的人是美国因迪哥发展研究所（Indigo Development，1992）的欧纳斯特·洛威教授，他将生态工业园定义为：一个由制造业和服务业组成的企业生物群落，它通过在包括能源、水、原材料这些基本要素在内的环境与资源方面的合作和管理，来实现生态环境与经济的双重优化和协调发展，最终使该企业群落的群体效益远大于个体效益的简单加和的生态化工业模式。

美国康奈尔大学 Cote 和 Hall 于 1995 年也提出了生态工业园的概念，即一个工业系统，涵盖自然资源和经济资源，并减少生产、物质、能量、保险与治理费用和负债，提高运作效率、质量、工人的健康和公共形象，而且提供由废物的利用和销售所能够获利的机会。国际上关于生态工业园最有代表性的定义是由 Lowe、Moran、Holmes 等为代表的学者和美国可持续发展总统委员会提出的。Lowe、Moran 和 Holmes 认为，生态工业园是一种由加工与服务构成的商务社群，它们通过环境管理和资源节约，寻求环境效益和经济效益的增加；通过协作使工业园区获得一种集体利益，这种利益大于所有单个公司利益的总和。美国可持续发展总统委员会（PCSD，1996）召集的专家组提出，生态工业园是商务（企业）群体，其中的商务企业相互合作，并且与当地的社区合作，以实现有效地共享资源（信息、材料、水、能源、基础设施和天然生境），产生经济效益和环境质量效益，给企业和所在区域带来可平衡的人类资源。

自 20 世纪 90 年代以来低碳工业园迅速发展成为生态工业园的一种全新模式。除丹麦、美国、加拿大等发达国家外，泰国、印度尼西亚、菲律宾、纳米比亚和南非等发展中国家也积极兴建低碳工业园。低碳工业园开始成为世界工业园区发展领域的主题，并取得了较丰富的经验。20 世纪 90 年代中期北美和欧洲的一些发达国家在低碳工业园区的研究与实践上取得了长足进展，其中美国最为突出。美国可持续发展总统委员会于 1995 年指定了4 个低碳工业示范区进行实际应用研究。在度过了起始阶段后，自 2010 年以来全球低碳工业园的发展逐渐由单一的实验性园区转变为群体性的产业园区建设。这表明低碳工业园已成为全球产业园区的发展趋势。

## 1.2.2 定义与参数

低碳园区不同于传统产业园区，它是一个复合的系统，是产业园区发展的高级阶段。所以低碳园区的概念研究，将围绕环境改善、能源和资源消耗、经济结构与模式等方面，融合产业与空间系统，构建"人—园区—环境"和谐共生的局面，实现资源高效利用、提高经济物质产出、减少废弃物排泄。"低碳"意味着低污染、低能耗、低排放的形态，低碳园区即采用创新的手段和模式，实现可持续发展的产业园区，因此低碳园区具有经济性、技术性和目标性的特点。低碳园区的经济性体现在园区产业低碳化、集群集约化及生态化；低碳园区的技术性体现在低碳节能的功能、绿色生态空间的规划设计；低碳园区的目标性体现在其最终的目标是实现人与自然的和谐发展和共生关系。因此，园区的低碳系统概念可概括为经济内涵、功能内涵、社会内涵、空间内涵四个方面（见表1-2）。

表1-2　低碳园区系统内涵

| 低碳园区 | |
| --- | --- |
| 经济内涵 | 实现绿色经济发展模式，低碳化、集群集约化、生态化 |
| 功能内涵 | 通过实现低碳化、生态化，使园区成为自然生态系统的一部分 |
| 社会内涵 | 在社会系统中倡导生态文明，提高生态意识；以低碳化和生态化相结合实现人与自然的共生和谐 |
| 空间内涵 | 空间规划形成功能布局合理平衡、复合、紧凑及绿色节能 |

基于对低碳园区系统的理解，我们要建立经济社会发展与生态环境保护双赢的园区发展动力模式，需要考虑以下几方面：

（1）低碳产业和低碳经济

低碳产业承载能力可用来衡量低碳经济发展的水平，低碳产业作为低碳经济发展的载体，它的发展有利于现有高碳产业的转型发展，可以催生新的产业发展机会。园区低碳产业规划和发展模式，一是积极推动园区产业结构向低碳生态方向发展，对传统工业进行低碳产业升级，加入节能利废要素，推动产业生产过程节能减排，构建新型低碳工业体系；二是推进低碳型优势产业发展，积极引入低能耗、低排放的新兴产业；三是淘汰高耗能行业和产品，构建以节能、技术领先为优势的低碳产业体系；四是形成行业间的共生耦合与平衡。

（2）低碳生态技术

低碳生态技术包括了能源的清洁高效利用、可再生能源与新能源的开发利用、传统技术的节能改造等。低碳生态技术促进低碳生态经济的发展，是其发展的动力来源。低碳园区要推动新能源技术及可再生能源技术的利用，通过工艺改善和能源管理，采用节能技术和节能设备，提高能源利用效率；减少综合能耗，逐步改变能源利用模式，重点发展并使用风能、太阳能、生物能等清洁能源，改善园区能源的利用结构。

（3）低碳生态空间

低碳生态空间是以生态化的园区基础设施为支撑，规划发展节能建筑、绿色照明、绿色交通等，加速各种要素资源的流动，并保证最大限度的减少对生态环境的破坏和污染。

加强清洁能源基础设施的使用，加强对建筑的节能改造和节能设计，提高建筑节能率。同时，低碳园区作为一个有机体，倡导土地资源的集约使用、园区用地的功能复合。

（4）低碳生态管理

低碳生态管理包括目标的制定、法制法规和制度的完善、体制创新、，以及低碳生态文明等诸多方面。低碳生态管理机制的建立，要将低碳生态经济管理职能纳入园区管理组织结构中，制定鼓励政策推动低碳生态技术创新，建立以新能源技术创新与产业发展平台为依托的服务体系，鼓励技术开发和创新，创造鼓励技术交流合作的环境。生态文明是低碳园区发展的价值观之一，倡导低碳消费，加强园区内企业员工、居民、学生等群体的生态文化宣传教育，通过低碳技术、低碳产品，促使公众改变生产、生活和消费行为模式，减少园区内耗和对环境的破坏，最终实现人类社会的生态文明。

# 1.3　国内外零耗建筑与低碳园区发展现状

## 1.3.1　国外发展现状

### 1.3.1.1　零耗建筑

石油危机以来，西方发达国家认识到了节能降耗的重要价值，开始倡导推行节能型建筑实践。这涉及建筑节能标准和法规政策的制定实施，建筑材料的研究和利用，被动式节能建筑的研究与实践等各个方面，有效地提升了能源利用率，推进了建筑节能化发展效益的提升。

英国零源消耗引领着世界建筑领域的可持续发展，其中贝丁顿零耗开发项目是其中的杰出代表。贝丁顿项目在英国属于最具创新性的住宅项目，实现零耗建筑生活的同时又结合了现代生活的舒适性。先进的环保、低碳零耗设计理念在这一项目中得到了很好的贯彻实施，起到了良好的示范作用。德国在节能、环保和低碳建筑的研究开发领域同样处于世界领先地位，更是零耗建筑领域的先行者之一。自从世界上第一个零耗区域于2011年在德国建成以来，德国的零耗建筑便得到了世界各地的关注。德国利用被动式建筑节能技术实现了超过92%的节能率，为2020年实现新建建筑几乎零能耗，以及2050年所有建筑节约80%一次能源的目标提供了技术保障。

美国首栋零耗建筑是1982年Amory Lovins在科罗拉多省地处海拔2200 m的落基山脉深处设计建造的自有住宅Amory's House，代表了美国零耗建筑的早期形式。美国能源部于2008年正式通过设计提案并拨款支持美国国家可再生能源实验室科研楼（NREL Research Support Facility，简称NRE LRSF）的建设，这是美国对于大型零耗办公园区的首次尝试。在此期间，以布利特基金会、落基山研究所为代表的众多民间组织也相继开始零耗建筑的研究，位于西雅图的布利特中心（The Bullitt Center）和位于Bassalt的落基山研究所创新研发中心（RMI Innovation Center）是美国夏热冬冷气候区和寒冷气候区零耗办公建筑的典型代表。美国是较早提出发展零耗建筑的国家之一，近年来发展迅速，技术体系成熟并有其自身特点，已经形成了"科研先导—试点验证—政策扶持—市场推广"的良性循环模式。随着零耗示范建筑项目的陆续建成，美国从政府到行业组织纷纷提出零耗建筑发展目标。2008年1月，美国暖通学会发布"ASHRAE Vision 2020"："到2030年，实现净零耗建筑市场化运作"。同年，美国能源部宣布制定"到2025年实现零耗商业建筑市场化"的战略目标。美国奥巴马政府于2015年3月颁布了"未来十年联邦可持续发展规划"（13696号行政令），要求至2030年所有新建联邦建筑均实现零耗目标。

2012年，日本暖通空调卫生工程师学会（SHASE）制定了零耗建筑实现路线图：即2030年之前确立ZEB化技术路径、2050年前制定"相关领域 zero energy 化的过度"时间表。同年SHASHZEB定义研讨小组成立，提出了公共建筑和住宅建筑实现零耗的路线，目标为：2030年前，新建公共建筑和新建独栋住宅建筑平均水平达到零能耗。近期，日本不仅将关注的焦点停留在零耗建筑上，还延伸至零耗社区方面。日本首个下一代净零耗社区"晴美台智能生态城"坐落于大阪府堺市泉北新区，开发面积达16 833.44 ㎡，由65个独立公寓，一个会议中心组成。其采用太阳能发电与蓄电池相结合的方式，进行可再生能源的有效利用以及能源的错峰供应。另外，在各住宅安装了HEMS，实现了能源的可视化。通过收集上述数据，使整体街区的能源情况可视化，并对节能贡献度进行排名，推进居民对环境保护的思想转变。此外，街区还拥有共享设备——电动汽车，该电动汽车使用安装在街区公共部分的太阳能发电系统产生的电力进行充电。

### 1.3.1.2 低碳园区

在21世纪初，能源环境和低碳发展政策已经成为国外发达国家的关注焦点，并引发了世界许多国家研究低碳经济，建设低碳城市、低碳园区的具体行动。

丹麦的卡伦堡工业园，是世界上最为典型的低碳工业园代表。卡伦堡工业园始建于20世纪70年代，经历40多年的发展，园区形成了由发电厂、炼油厂、制药厂和石膏制板厂四大工业企业为主导的产业链循环体系。园区优化产业协同，四个企业互相使用废弃物或副产品作为生产原料，再生能源利用率高达30%，建立了工业横生和代谢生态链关系。政府对高污染企业实行强制执行的高收费政策，同时对企业减少污染排放给予利益激励。目前，卡伦堡工业园几乎做到"零排放"，成了全球低碳园区标杆。

新加坡裕廊工业区，建设于1968年，占地面积约65k㎡。园区主导产业为石油化工、修造船、机械工程、现代物流等，是新加坡最大的现代化工业基地，也是全球第三大石油炼制中心和全球十大乙烯生产中心之一。目前园区产业涵盖炼油、化工、仓储、物流等石化产业链的各个环节，产业链相对完整并自成体系；园区内能源主要依赖天然气及进口电力；绿色节能厂房及建筑普及。裕廊工业区的成功建立使新加坡实现了快速工业化，并且形成了一整套的现代化经济管理经验，为其他工业园区发展提供了可参考的经验借鉴。

德国法兰克福赫斯特工业园是一个高度现代化和创新型的化学和医药产业园。园区由茵法赫斯特公司管理，对于入驻园区的生产型企业，茵法为其提供各种服务，包括能源供应、废弃物处理、安全保障、健康服务，以及物流服务等，使企业可以集中资源从事其核心业务；对于园区，茵法为其提供工业园的运营管理、整体规划、基础设施建设、交通运输管理、能源解决方案、对外招商、园区环境卫生与安全等服务。德国园区发展的这种新型商业模式可以在多种层面上提供更专业化、一体化的服务，降低了园区与入驻企业的成本。英国计划在 2030 年前建立四座基于碳捕集、利用和存储（CCUS）技术的工业集群，在 2040 年前实现净零排放。荷兰布莱特兰化工工业集群、比利时安特卫普 – 布鲁日港、美国休斯顿区域性清洁氢能中心和俄亥俄州清洁氢枢纽联盟等工业集群都在推进向净零碳转型发展。

## 1.3.2　国内发展现状

### 1.3.2.1　零耗建筑

随着我国建筑节能工作的快速发展，丰富多样的节能技术、产品也越来越趋于成熟，零耗建筑项目的研究逐步增多，零耗建筑行业蓬勃发展，市场规模也在不断扩大。

在上海世博会期间建设的伦敦零碳馆，是在世博局大力支持下的城市最佳实践区（UBPA）项目，该项目由两栋零二氧化碳排放的建筑前后相接而成，坐落在上海馆的北侧。通过传承来自伦敦的世界第一个零二氧化碳排放社区 BEDZED 科技，结合上海地区的气候特征，采用本土化的产品实现了中国第一座零碳建筑。该项目总面积 2 500 ㎡，在四层高的建筑中设置了零碳报告厅、零碳餐厅、零碳展示厅和六套零碳样板房，全方位的向世博游客们展示了建筑领域对抗气候变化的策略和方法，在上海世博会城市最佳实践区展览"沪上生态家"。与伦敦"零碳馆"不同，"沪上生态家"主要从设备或家用电器、照明等智能设备（多媒体信息交换平台）综述了零能耗，搭建为游客提供个人经验与生活的高科技平台，让更多的人了解并认识零能源消耗的生活方式。

"绿色冬奥"是北京 2022 年冬奥会的一项重要理念，无论是在场馆设施、技术支持、能源使用等方面都使用了大量环保元素，尤其是建筑设计方面。国家速滑馆"冰丝带"是 2022 年北京冬奥会北京主赛区的标志性场馆，除了建筑设计独具匠心，节能环保也敢于创新。场馆采用的二氧化碳跨临界直冷制冰技术，是当前世界上最先进、最环保、最高效的制冰技术之一，这项技术不仅能够为比赛提供一个温度、高度均衡的冰面，而且相比传统的制冰制冷技术能节省能耗 20% 以上，甚至达到 30%。同时，该场馆还采用了一套智能的能源综合利用系统，能够把制冷系统产生的废热用于整个场馆的除湿、场馆修冰的热水和场馆生活热水。在全冰面的情况下，仅制冷部分每年最少能节省 200 万度的电能，如果把热回收都考虑进来，场馆制冰接近零碳排放。

上海普陀 2022 年底正式启用了一座 12 000 ㎡的"零能耗"办公楼——长三角一体化绿色科技示范楼，大楼总建筑面积近 12 000 ㎡，建筑对标国内最高绿色标准实施，最大限度减少能耗以及对环境的污染，是中国建筑节能协会认证的"零耗建筑"。它是国内首个实现零碳、零能耗、零水耗、零废弃物、零甲醛"5Z 体系"（Zero）的可感知、可触摸、具有世界影响力的绿色碳中和建筑示范工程。大楼会自己发电，不仅电力自给自足，每年甚至还有 8 万度余电补给市政。大楼有一套自己的水循环网络，实现了非人体接触用水的自给自足。大楼大量采用绿色建材，整套节能智慧，让这里成功实现"零耗"。

我国对于零耗能建筑的研究，从实际上看已取得了较多的研究成果，但是与国际上相比，在技术研究与工程实践上仍有较大差距。因此，对于我国的"零耗"建筑发展历程，仍然需要进一步努力，争取取得更大进展，实现未来零能耗生活。

### 1.3.2.2 低碳园区

工业是碳排放的重要领域，伴随"企业入园"工作的不断推进，越来越多的工业企业落户于各类工业园区，这也导致园区碳排放量的持续增加。有数据显示，近 70% 的工业用能集中在工业园区，园区碳排放占全国碳排放总量的 31%。除工业生产外，园区因功能类型的不同，包含建筑、交通、能源等多种典型排放场景，是城市碳排放最集中的空间，也是我国实现"双碳"目标的重要切入点和着力点。

我国园区低碳化转型经历了国家生态工业示范园区、循环化改造园区、UNIDO 绿色工业园区、低碳工业园区、绿色园区、碳排放评价试点产业园区等类型。截至 2020 年 11 月，国内已有通过验收的国家生态工业示范园区 48 家、园区循环化改造示范试点 44 家、国家级绿色工业园区 171 家。

金风科技作为零碳园区领域第一家吃到螃蟹的企业，其于 2021 年 3 月打造的亦庄"碳中和"智慧园区是国内首个获得可再生能源"碳中和"认证的智慧园区。园区占地 136 亩，建筑面积 $13.9 \times 10^4$ ㎡，常驻员工 4 000 余人，每年用电量约 1 500 万度。园区始建于 2010 年，采用智能化设计，包括智能微网、节能模块、智能水务、园区智慧运维、智慧农业及智慧健康六大模块。园区构建了一套集风、光、燃、储、充于一体的智能微网，利用空地安装了 2 台风力发电机组，利用园区屋顶、车棚等闲置空间，实现多种能源设备联合优化调度运行。经过碳核查，2020 年园区可再生能源发电量为 750 万度，园区可再生能源使用占比超 50%，每年减碳量达 4 950 吨。

京东"亚洲一号"西安智能产业园于 2019 年投入使用。该产业园通过完善节能管理制度和优化分拣、运输流程，使用分布式空调精准满足局部供暖需求，以及引入新能源特种设备和充电终端等，持续提升园区的运营能效和电气化水平。在此基础上，通过碳交易与价值链优化，抵消自身产生的温室气体排放量，实现园区二氧化碳净零排放。

硅谷动力低碳科技示范园位于广东深圳市观澜桂月路，由 10 栋高标准厂房、5 栋员工宿舍、2 栋配套服务中心组成，由深圳市科技创新委员会与硅谷动力携手共建。政府的政策扶持和硅谷动力的高端产业园运营经验相结合，以优美的园区环境、专业的物业管理、完善的产业配套、优惠的扶持政策，重点引进新材料、新能源、半导体照明等低碳技术应用的生产与研发企业。深圳市低碳科技示范园周边分布有富士康全球总部及研发中心、华为总部、富士施乐等众多高科技企业，高科技产业聚集。同时，硅谷动力在该区域集中运营汽车电子创业园、射频科技园、数码产业园等园区，吸引了普罗米修斯等数百家优秀企业入驻并实现了快速发展，年产值近千亿，一个创新的产业园集群已经形成。

中国园区的整体布局将在规模和数量上继续扩大，人口和产业将进一步聚集，高耗能园区、港口物流园、商务办公园等园区能源转型需求也将加速释放。以科技创新为引领，积极探索、推进低碳智慧园区建设，加快智能化、绿色化升级，积极贯通联动科技创新、双碳发展等，实现低碳园区高端化、绿色化和数智化发展。

## 思考题

1. 从零耗建筑的概念与起源出发，你认为我国在零耗建筑领域的发展历程和现状如何？

2. 国际上关于零耗建筑的讨论和当下热议的建筑碳达峰、碳中和的发展有何关系？

3. 对于推动零耗建筑的未来发展有哪些建议？

4. 低碳园区的发展内涵和存在的问题体现在哪些方面？

5. 从低碳园区的定义与参数出发，你认为低碳园区的发展除了"低碳"还需要考虑哪些因素？

6. 低碳园区的发展面临的挑战和未来发展的方向体现在哪些方面？

## 参考文献

[1] Esbensen T V，Korsgaard V. Dimensioning of the solar heating system in the zero energy house in Denmark[J]. Solar Energy, 1977，19(2)：195–199.

[2] Voss K，Goetzberger A，Bopp G，et al. The self–sufficient solar house in Freiburg——Results of 3 years of operation[J]. Solar Energy，1996，58(1)：17–23.

[3] Stahl W，Voss K，Goetzberger A. The self–sufficient solar house in Freiburg[J]. Solar Energy，1994，52(1)：111–125.

[4] 徐伟，刘志坚，陈曦，等. 关于我国"近零能耗建筑"发展的思考[J]. 建筑科学，2016,32(4):1–5.

[5] Pless S, Torcellini P. Net–Zero Energy Buildings: A Classification System Based on Renewable Energy Supply Options[R]. Golden: National Renewable Energy Laboratory，2010.

[6] 张时聪，王珂，吕燕捷，等. 近零能耗建筑评价的研究与实践[J]. 城市建筑，2020,17(35):61–67.

[7] 梁俊强，刘珊，喻彦喆. 国际建筑节能发展目标的比较研究——迈向零能耗建筑[J]. 建筑科学，2018,34(8):118–123.

[8] Cote R，Hall J. Industrial parks as ecosystems[J]. Journal of Cleaner Production，1995(3)：41–46.

[9] Lowe E，Moran S，Holmes. A Field Book for the Development of Eco–industrial Parks[R].

Report for the U.S. Environmental Protecetion Agency，Oakiand (CA): Indigo Development International，1995：67–72.

[10] 贾偶 . 基于低碳生态理念的工业园区规划设计研究 [D]. 北京：华北电力大学，2017.

[11] 尹梦泽 . 北方地区被动式超低能耗建筑适应性设计方法探析 [D]. 济南：山东建筑大学，2016.

[12] 张春鹏 . 德国被动式超低能耗建筑设计及保障体系探究 [D]. 济南：山东建筑大学，2016.

[13] 吕毅 . 面向低碳的生态工业园理论与实践研究 [D]. 天津：天津大学，2012.

# 第2章　零耗建筑设计的基础理论

> **本章导读**
>
> 本章在零耗建筑基本概念的基础上，进一步介绍了零耗建筑设计的基础理论，阐述了零耗建筑的能耗标准、建筑技术和能耗计算方法，为零耗建筑的设计提供理论基础和依据。

## 2.1　建筑能耗标准

随着全球能源危机的加剧和环境保护意识的提升，降低建筑能耗已成为可持续发展的重要议题。在建筑工程验收标准中，建筑物的能耗评估与节能要求是一个至关重要的方面。当前，全球建筑行业能耗占全球总能耗的近 40%。其中，发达国家的建筑能耗占比更高。在发展中国家，随着城市化进程加速和人民生活水平的提高，建筑能耗也在迅速增长。同时，不合理的建筑设计、施工和使用方式，使得许多建筑的能耗远高于其应有水平，加剧了能源消耗和环境污染问题。

许多国家都在积极制定超低能耗建筑发展目标和技术政策，建立适合本国特点的超低能耗建筑标准及相应技术体系，超低能耗建筑正在成为建筑节能的发展趋势，并形成系列标准：欧洲的《建筑能效指令》EU 2010/31、《建筑能效要求》EU 2018/854；美国的《住宅建筑节能要求》ANSI/ASHRAE Standard 90.1、《商业建筑节能标准》ANSI/ASHRAE Standard 100；日本的《节能法》及其配套法规，包括《关于促进节能和再生资源利用的法律施行规则》，日本建筑学会（AIJ）制定的《建筑节能设计标准》；以及《澳大利亚国家建筑能源效率标准》AS 3735—2009、《南非建筑能效标准》SANS 10400—2003 等。这些标准主要规范了建筑物的保温、通风、照明等性能指标，以确保建筑物在使用过程中的能耗达到合理水平。

中国地域广阔，各地区气候差异大，经济发展水平和室内环境标准低，建筑特点、建筑技术和产业水平以及人们的生活习惯和德国、丹麦等欧洲国家相比存在很大不同。中国在建筑能耗方面，已形成符合中国国情的系列标准，涉及建筑节能设计、空调与采暖系统、照明与电气负荷、节能监测与评估等，各省针对本省具体情况，规定了地区实施细则，指导我国低能耗建筑建设和推广。部分主要标准如下：

（1）建筑节能设计

有《GB/T 50189—2015 公共建筑节能设计标准》《GB/T 51245—2017 工业建筑节能设

计统一标准》《GB/T 34913—2017 民用建筑能耗分类及表示方法》《GB/T 55015—2021 建筑节能与可再生能源利用通用规范》《GB/T 51350—2019 近零能耗建筑技术标准》《被动式超低能耗绿色建筑技术导则（试行）（居住建筑）》等。用于规范建筑的围护结构、采暖空调、照明等方面的节能设计要求，以提高建筑物的能效水平，通过遵循建筑节能设计标准，可以确保建筑在满足使用功能的同时，实现能源的高效利用。

（2）空调与采暖系统

有《GB/T 50736—2012 民用建筑供暖通风与空气调节设计规范》《GB/T 50176—2016 民用建筑热工设计规范》《GB 50364—2018 民用建筑太阳能热水系统应用技术标准》等，用于规范新建、改建和扩建的建筑供暖、通风与空气调节设计，总体原则应根据建筑物用途与功能、使用要求、冷热负荷特点、环境条件以及能源状况等，结合国家有关安全、节能、环保、卫生等政策、方针，通过经济技术比较确定，在设计中应优先采用新技术、新工艺、新设备、新材料。

（3）照明与电气负荷

有《GB/T 50034—2021 建筑照明设计标准》《GB/T 50264—2013 电气装置安装工程电气设备交接试验标准》等，用于明确建筑照明的技术要求，以提高光传输的能效，改善室内照明的质量，减少照明设备和系统的能耗，缓解建筑物的能源消耗，以及改善建筑景观环境，使建筑照明更具有永续性和可持续性。此外，标准要求建筑照明技术必须达到更高的照度、更低的能耗，以及更好的控制技术能力，并采用用于建筑照明的高效节能照明设备，保证建筑中瞬时照度的一致性，以及照度空间变化率更低，使建筑物照明有更好的可视效果。

（4）节能监测与评估

有《GB/T 50645—2017 建筑节能与可再生能源利用通用规范》《GB/T 50378—2019 绿色建筑评价标准》,《GB/T 51366—2019 可再生能源建筑应用工程评价标准》《GB 50411—2019 建筑节能工程施工质量验收标准》《GB/T 33743—2017 用能单位能耗在线监测系统技术要求》《GB/T 32019—2015 用能单位能源计量器具配备和管理要求》等。要求建立有效的建筑能耗监测系统，通过实时监测和记录建筑物的能源消耗数据，及时发现能源浪费和节能潜力；通过能耗监测标准，实现对建筑物的能源使用进行精细化管理和调控，以及全面的评估和认证，推动绿色建筑的发展。

中国执行的国家和行业节能设计节能率部分数据如下：《JGJ 26—2010 严寒和寒冷居住建筑节能设计标准》：节能率 65%，通用规范节能率 75%；《JGJ 134—2010 夏热冬冷地区居住建筑节能设计标准》：节能率 50%，通用规范节能率 65%；《JGJ 75—2012 夏热冬暖地区居住建筑节能设计标准》：节能率 50%，通用规范节能率 65%；《GB 50189—2015 公共建筑节能设计标准》：节能率 65%，通用规范节能率 72%。

综上所述，实施建筑能耗标准是降低能源消耗、保护环境、促进可持续发展的重要措施。然而，标准的制定和实施过程中还需克服许多挑战，如技术瓶颈、成本问题和社会接受度等。因此，我们需要继续努力，不断完善和强化建筑能耗标准，以实行更高效、更环保的建筑设计和使用方式。同时，政府、企业和公众都应积极参与，共同推动建筑行业的绿色转型。

## 2.2　零耗建筑技术

随着世界经济不断发展，能源战略的重要作用越发明显。减少建筑能耗和推进建筑节能相关工作成为各国政府及相关科研人员的迫切任务。"零耗建筑"作为一种较新的建筑节能综合技术，需要规划科学合理的技术路线，从而保障此技术得以顺利实施。世界和我国都在通过低能耗、超低能耗、零能耗示范建筑，探索实现建筑超低能耗、接近零能耗、乃至零能耗的技术途径。为了能够使建筑物在使用的过程中最大程度地降低能耗，相关的设计人员采用了各种被动式、主动式节能技术对建筑物进行节能设计。

### 2.2.1　被动式节能技术

被动式节能技术是指在建筑全寿命周期内，不依赖耗能建筑设备系统，完全通过建筑自身设计，包括场地设计、空间设计、构造设计和材料选择等来实现建筑节能的技术，具体指在建筑规划设计中通过对建筑朝向的合理布置、遮阳的设置、建筑围护结构的保温隔热技术、有利于自然通风的建筑开口设计等实现建筑需要的采暖、空调、通风等能耗的降低。被动式节能技术主要可以分为两部分，一部分是根据当地气候条件和场地情况进行建筑设计的合理布局，进而降低建筑本体的能量需求；另一部分是采用符合所在地区地理气候、人为的构造手段，结合建筑师们的巧妙构思，降低建筑自身用能，常用于建筑改造中的被动式节能技术可分为以下几类：

（1）建筑合理布局

良好的被动式设计具有能源意识的建筑，应在建筑设计伊始，就结合当地的气候特征，充分考虑地形、地貌和地物的特点，对其加以利用，创造出建筑与自然环境和谐一致、相互依存，富有当地特色的居住、工作环境，充分考虑建筑的朝向、间距、体形、体量、绿化配置等因素对节能的影响，通过相应的合理布局降低用能需求，同时也能为主动式节能措施提供良好的条件。

（2）被动式太阳能

利用建筑本身作为储热装置，通过合理设计以自然热交换方式传导、对流和辐射使建筑实现采暖和降温。被动式太阳能的利用方式有直接得热、集热蓄热墙、阳光房等。

被动式太阳能采暖是吸收太阳辐射热的自然加温作用，它引起的升温，会使热量从被照射物体表面流向其它表面和室内空气，同时也是建筑物内部结构的蓄热过程。而蓄热在昼夜循环时又可用于调整太阳得热的过剩或不足，因而成为设计时要考虑的关键一步。虽然任何的外部建筑构件都可以和玻璃结合起来为被动式太阳能采暖创造条件，但必须根据居住情况、空间的使用情况以及室外条件慎重考虑。被动式太阳能采暖需要依靠下面一个或多个条件：窗户、高侧窗和天窗，这些构件可以使居住空间见到阳光。

（3）自然通风

建筑设计应以当地主导气候特征为基础，通过合理的布局与形体设计创造良好的微气候环境，组织自然通风。现代建筑对自然风的利用不仅需要继承传统建筑中的开窗、开门及天井通风，更需要综合分析室内外实现自然通风的条件，利用各种技术措施实现满足室内热舒适性要求的自然通风。不仅需要在建筑设计阶段利用建筑布局、建筑通风开口、太阳辐射、气候条件等来组织和诱导自然通风，而且需要在建筑构件上，通过门窗、中庭、双层幕墙、风塔、屋顶等构件的优化设计，来达到良好的自然通风效果。

（4）自然采光

在一个建筑中，室内光线是一项十分重要的内容，可以显著降低建筑照明能耗，但是利用自然采光常用及经济的措施是增大建筑的窗墙比，而窗墙比的增加，在夏季会引起太阳辐射的热量增大，冬季会引起室内热量的散失，所以设计不当可能造成虽然自然采光有效降低了照明能耗，但是大幅提高了空调能耗。现代自然采光技术可分为侧窗采光系统、天窗采光系统、中庭采光系统和新型天然采光系统（如导光管、光导纤维、采光搁板、导光棱镜窗），随着科学技术的发展，也出现了一些新型采光材料，如光致变色玻璃、电致变色玻璃、聚碳酸酯玻璃、光触媒技术等。

（5）围护结构节能技术

建筑物的能耗主要由其外围护结构的热传导和冷风渗透两方面造成的，按照能量路径优化策略，建筑外围护结构的节能措施集中体现在对通过建筑外围护结构的热流控制上。建筑节能设计的第一层面是良好的围护结构，降低采暖和制冷的需求。建筑外围护结构主要包括建筑外墙、楼板和地面、屋顶、窗户和门，要实现的功能主要有视野、采光、遮阳与隔热、保温、通风、隔声等六大方面，这些功能并非孤立存在，它们是彼此相互关联、相互矛盾的，通常需要统筹考虑。目前，最常用的是借助计算机模拟分析，优化建筑围护结构性能。

## 2.2.2　主动式节能技术

主动式节能技术是通过主动控制和管理建筑能源消耗来达到节能的目的，它利用了多种技术手段，包括但不限于自动化控制、传感器技术、人工智能等，以实现能源的高效利用，提高环境的舒适度，以及建筑的可持续性。比如利用各种机电设备组成主动系统（自身需要耗能）来收集、转化和储存能量，以充分利用太阳能、风能、水能、生物能等可再生能源，同时提高传统能源的使用效率。主动式节能对设备和技术的要求较高，一次性投入较大，但是主动式节能更加讲究舒适、健康、高效，是被动式节能的必要补充，同时也满足绿色建筑以人为本的原则。主动式节能主要分为以下三个方面。

### 2.2.2.1　智能控制调节系统

智能控制调节系统以计算机、信息技术、通信技术为核心，通过数字化、网络化等手段，对建筑设备进行调节控制，实现精细化管理，提高节能效果。以下是几个典型应用：

（1）高效照明系统

对建筑物中照明系统进行设计的时候，为了使能源消耗降低，需使用高效的照明系统。设置具有自动控制和人工控制功能的系统，能自动控制主干道、停车场等灯具的开关，能根据时段调节庭院灯、景观照明，从而使开灯的平均时间减少，达到节能降耗的目标。

（2）建筑能耗监测级管理系统节能技术

设计应按实现"部分空间、部分时间"的要求，进行用能系统划分、制定控制策略；优化用能系统关键参数，提高系统能效比。这就需要对建筑设备系统的运行特性参数进行监测和统计分析，开展建筑节能运行管理，将建筑主动式技术的能效特性发挥出来。

（3）空调节能系统

空调节能系统通过对室内温度、湿度、人员数量和室外气象等参数进行实时监测和分析，以调整空调设备的运行状态，从而实现节能的目标。可以实现温度控制：根据室内实际温度及需求，调节空调设备的制冷或制热功能，使室内温度保持在舒适范围内，避免能源的浪费；风量控制：根据室内人员数量及其活动情况，调节空调系统的送风量，以保证良好的空气流通和舒适度；湿度控制：通过控制空调系统的湿度调节器，调整室内湿度，增加人体对温度的适应性，减少能耗；时间控制：根据室内外的人员活动时间，合理调整空调设备的开启和关闭时间，避免不必要的能源浪费。

（4）智慧能源管控系统

智慧能源管控系统实现了对建筑水、电、气、热供应管网分层分级"四表集抄"改造，以及暖通、给排水、电气、照明、电梯等机电设备的监控管理及用能优化，同时挖掘建筑楼宇暖通、照明等负荷柔性调控能力，参与电网供需互动。

### 2.2.2.2　可再生能源利用技术

可再生能源利用技术主要包括太阳能、地热能、风能等多种形式。通过利用这些可再生能源，可以减少传统能源的使用，达到节能减排的目的。

（1）太阳能利用

太阳能发电共有三大目标：将太阳能光电池和建筑的结构及外观完美结合，即太阳能建筑一体化设计；让民众了解太阳能发电的基本规律和步骤，学会如何节约用电，充分利用太阳能。增强民众的环保意识，为实现零能耗生活打下基础；优化太阳能并网供电系统，在项目实施过程中，通过科学家、生产者、施工人员和业主的共同努力，开发出一套标准化的太阳能光伏系统设备。

（2）地源热泵系统

地源耦合热泵机组可做为空调系统冬季供热、夏季供冷的冷热源系统，并同时提供生活热水。它就是利用地下土壤，岩石及地下水温度相对稳定的特性，输入少量的高品位能源（如电能），通过埋藏于地下的管路系统与土壤、岩石及地下水进行热交换，夏季，通过对室内制冷将建筑物内的热量搬运出来，一部分用于提供免费生活用热，其余换热到地下储藏起来，冬季把地下储藏的低品位热能通过热泵搬运出来，实现对建筑物供热及提供生活热水。地源耦合热泵的能耗很低，仅为常规系统能耗的 25% ~ 35%，它由水循环系统、热交换器、地源热泵机组、空调末端及控制系统组成。

（3）风能利用

风能在节能中的应用主要是风力发电和自然通风。风能是洁净的能量来源，大量生产可以降低成本，在适当地点，风力发电成本已低于其他发电机；风力发电是可再生能源，洁净环保。

### 2.2.2.3 新型建筑材料及结构

新型建筑材料及结构可以有效提升建筑的节能效果，应尽可能选取木材等非化石能源生产类建材，或采用经废旧建材重新加工而成的可再生材料，既节约成本，又可妥善处理废弃建材，减小其对环境的污染，达到优化建筑节能的目的。其中包含以下几个方面：

（1）采用保温性能更强的材料

通过合理选择和配置建筑材料、隔热层以及窗户等，可以最大程度地减少建筑外墙和屋顶对外界温度的传导，从而减少建筑内部能量的流失。尤其在寒冷地区，通过增加隔热层的厚度减少冷热桥和隔热层中的热传导等措施，可以显著减少供暖能耗。

（2）利用绿色建材

采用清洁生产技术，不用或少用天然资源和能源，大量使用工农业或城市固态废弃物生产的无毒害、无污染、无放射性的绿色建材，达到使用周期后可回收利用，有利于环境保护和人体健康。绿色建材围绕原料采用、产品制造、使用和废弃物处理四个环节，以及实现对环境负荷最小和有利于人类健康两大目标，达到"健康、环保、安全及质量优良"四个目的。

（3）改善建筑外立面的设计

建筑外立面方案不仅是美化建筑物外观的手段，还能够为建筑物赋予一定的功能性和实用性。通过合理设置的开窗、阳台、挑檐等设计元素，可以调整建筑物的自然采光、通风效果，提高居住和办公环境的舒适性。通过选用环保、节能的材料和技术，减少对环境的影响。同时，外立面方案还可以通过合理设计太阳能利用、雨水收集等手段，提高建筑物自身的能源利用效率，降低能源消耗。

# 2.3 零耗建筑的能耗计算

## 2.3.1 能效指标计算要求

①气象参数应按现行行业标准《建筑节能气象参数标准》JGJ/T 346 的规定选取。

②应计算围护结构（包括热桥部位）传热、太阳辐射得热、建筑内部得热、通风热损失四部分形成的负荷，计算中应考虑建筑热惰性对负荷的影响。

③供暖年耗热量和供冷年耗冷量应包括围护结构的热损失和处理新风的热（或冷）需求；处理新风的热（冷）需求应扣除从排风中回收的热量（或冷量）。

④当室外温度≤28℃且相对湿度≤70％时，应利用自然通风，不计算建筑的供冷需求。

⑤供暖通风空调系统能耗计算时应考虑部分负荷及间歇使用的影响。

⑥应计算可再生能源利用量。

### 2.3.2　设计建筑能效指标计算参数规定

①建筑的形状、大小、朝向、内部的空间划分和使用功能、建筑构造尺寸、建筑围护结构传热系数、外窗（包括透光幕墙）太阳得热系数、窗墙面积比、屋面开窗面积应与建筑设计文件一致。

②建筑功能区除设计文件中已明确的非供暖和供冷区外，均应按设置供暖和供冷的区域计算；供暖和供冷系统运行时间应按表 2-1 设置。

③当设计建筑采用活动遮阳装置时，供暖季和供冷季的遮阳系数按表 2-2 确定。

④房间人员密度及在室率、电器设备功率密度及使用率、照明开启时间按表 2-3 设置，新风开启率按人员在室率计算。

⑤照明系统的照明功率密度值应与建筑设计文件一致。

⑥供暖、通风、空调、生活热水、电梯系统的系统形式和能效应与设计文件一致；生活热水系统的用水量与设计文件一致，并应符合现行国家标准《民用建筑节水设计标准》GB 50555—2010 的规定。

⑦可再生能源系统形式及效率应与设计文件一致。

表2-1　建筑的日常运行时间

| 办公建筑 | 工作日 | 8：00—18：00 |
|---|---|---|
| | 节假日 | — |

表2-2　活动遮阳装置遮阳系数SC的取值

| 控制方式 | 供暖季 | 供冷季 |
|---|---|---|
| 手动控制 | 0.8 | 0.40 |
| 自动控制 | 0.8 | 0.35 |

### 2.3.3　基准建筑能效指标计算参数设置规定

①建筑的形状、大小、内部的空间划分和使用功能、建筑构造、围护结构做法应与设计建筑一致。

②供冷和供暖系统的运行时间、室内温度、照明开关时间、电梯系统运行时间、房间人均占有的使用面积及在室率、人员新风量及新风机组运行时间表、电器设备功率密度及

使用率应与设计建筑一致，如表2-3所示。

表2-3 不同类型房间人员、设备、照明内热设定

| 建筑类型 | 房间类型 | 人均占地面积（m²） | 人员在室率 | 设备功率密度（W/m²） | 设备使用率 | 照明功率密度（W/m²） | 照明开启时长（h/月） |
|---|---|---|---|---|---|---|---|
| 办公建筑 | 办公室 | 10 | 32.7% | 13 | 32.7% | 9 | 240 |
| | 密集办公室 | 4 | 32.7% | 20 | 32.7% | 15 | 240 |
| | 会议室 | 3.33 | 16.7% | 5 | 61.8% | 9 | 180 |
| | 大堂门厅 | 20 | 33.3% | 0 | 0.0% | 5 | 270 |
| | 休息室 | 3.33 | 16.7% | 0 | 0.0% | 5 | 150 |
| | 设备用房 | 0 | 0.0% | 0 | 0.0% | 5 | 0 |
| | 库房/管道井 | 0 | 0.0% | 0 | 0.0% | 0 | 0 |
| | 车库 | 100 | 25% | 1.5 | 32.7% | 2 | 270 |

③办公建筑的围护结构热工性能和冷热源性能应符合国家标准《公共建筑节能设计标准》GB 50189—2015 的规定，未规定的围护结构热工性能和冷热源性能的相关参数应与设计建筑一致。

④应按设计建筑实际朝向建立基准建筑模型，并将建筑依次旋转90°、180°、270°，将四个不同方向的模型负荷计算结果的平均值作为基准建筑负荷。

⑤基准建筑无活动遮阳装置，其窗墙面积比应按表2-4选取，对于表中未包含的建筑类型，基准建筑窗墙比应与设计建筑一致。

⑥基准建筑的供暖、供冷系统形式应按表2-5确定；基准建筑的生活热水系统形式和用水定额应与设计建筑一致，热源为燃气锅炉，其能效要求应与参照标准中供暖热源的要求一致。

⑦基准建筑的电梯系统形式、类型、台数、设计速度、额定载客人数应与设计建筑一致，电梯待机时的能量需求（输出）为200W，运行时的特定能量消耗为1.26mW·h/(kg·m)。

表2-4 基准建筑窗墙面积比

| 办公建筑(面积≤10000 m²) | 31 |
|---|---|
| 办公建筑(面积≥10000 m²) | 40 |

表2-5 基准建筑供暖、供冷系统形式

| | 末端形式 | 散热器供暖，风机盘管系统 | 散热器供暖，风机盘管系统 | 风机盘管系统 | 风机盘管系统 | 风机盘管系统 |
|---|---|---|---|---|---|---|
| 办公建筑 | 冷源 | 电制冷机组 | 电制冷机组 | 电制冷机组 | 电制冷机组 | 电制冷机组 |
| | 热源 | 燃煤锅炉 | 燃煤锅炉 | 燃煤锅炉 | 燃煤锅炉 | 燃煤锅炉 |

### 2.3.4  建筑能耗综合值计算公式

$$E = E_{\text{E}} - \frac{\sum E_{\text{r},i} \times f_i + \sum E_{\text{rd},i} \times f_i}{A} \quad\quad (2\text{-}1)$$

式中：

$E$——建筑能耗综合值，$\text{kW} \cdot \text{h}/(\text{m}^2 \cdot \text{a})$；

$E_{\text{E}}$——不含可再生能源发电的建筑能耗综合值，$\text{kW} \cdot \text{h}/(\text{m}^2 \cdot \text{a})$；

$A$——住宅类建筑为套内使用面积，非住宅类为建筑面积，$\text{m}^2$；

$f_i$——$i$ 类型能源的能源换算系数；

$E_{\text{r},i}$——年本体产生的 $i$ 类型可再生能源发电量，$\text{kW} \cdot \text{h}$；

$E_{\text{rd},i}$——年周边产生的 $i$ 类型可再生能源发电量，$\text{kW} \cdot \text{h}$。

### 2.3.5  不含可再生能源发电的建筑能耗综合值计算公式

$$E_{\text{E}} = \frac{E_{\text{h}} \times f_i + E_{\text{c}} \times f_i + E_{\text{l}} \times f_i + E_{\text{w}} \times f_i + E_{\text{e}} \times f_i}{A} \quad\quad (2\text{-}2)$$

式中：

$E_{\text{h}}$——年供暖系统能源消耗，$\text{kW} \cdot \text{h}$；

$E_{\text{c}}$——年供冷系统能源消耗，$\text{kW} \cdot \text{h}$；

$E_{\text{l}}$——年照明系统能源消耗，$\text{kW} \cdot \text{h}$；

$E_{\text{w}}$——年生活热水系统能源消耗，$\text{kW} \cdot \text{h}$；

$E_{\text{e}}$——年电梯系统能源消耗，$\text{kW} \cdot \text{h}$。

### 2.3.6  可再生能源利用率计算公式

$$REP_{\text{P}} = \frac{EP_{\text{h}} + EP_{\text{c}} + EP_{\text{w}} + \sum E_{\text{r},i} \times f_i + \sum E_{\text{rd},i} \times f_i}{Q_{\text{h}} + Q_{\text{c}} + Q_{\text{w}} + E_{\text{l}} \times f_i + E_{\text{e}} \times f_i} \quad\quad (2\text{-}3)$$

式中：

$REP_{\text{P}}$——可再生能源利用率，%；

$EP_{\text{h}}$——供暖系统中可再生能源利用量，$\text{kW} \cdot \text{h}$；

$EP_{\text{c}}$——供冷系统中可再生能源利用量，$\text{kW} \cdot \text{h}$；

$EP_{\text{w}}$——生活热水系统中可再生能源利用量，$\text{kW} \cdot \text{h}$；

$Q_{\text{h}}$——年供暖耗热量，$\text{kW} \cdot \text{h}$；

$Q_{\text{c}}$——年供冷耗冷量，$\text{kW} \cdot \text{h}$；

$Q_{\text{w}}$——年生活热水耗热量，$\text{kW} \cdot \text{h}$。

### 2.3.7  供暖系统中可再生能源利用量计算公式

$$EP_{\text{h}} = EP_{\text{h,geo}} + EP_{\text{p,air}} + EP_{\text{h,sol}} + EP_{\text{h,bio}} \quad\quad (2\text{-}4)$$

$$EP_{\text{h,geo}} = Q_{\text{h,geo}} - EP_{\text{h,geo}} \quad\quad (2\text{-}5)$$

$$EP_{\text{h,air}} = Q_{\text{h,air}} - EP_{\text{h,air}} \tag{2-6}$$

$$EP_{\text{h,sol}} = Q_{\text{h,sol}} \tag{2-7}$$

$$EP_{\text{h,bio}} = Q_{\text{h,bio}} \tag{2-8}$$

式中：

$EP_{\text{h,geo}}$——地源热泵供暖系统的年可再生能源利用量，kW·h；

$EP_{\text{h,air}}$——空气源热泵供暖系统的年可再生能源利用量，kW·h；

$EP_{\text{h,sol}}$——太阳能热水供暖系统的年可再生能源利用量，kW·h；

$EP_{\text{h,bio}}$——生物质供暖系统的年可再生能源利用量，kW·h；

$Q_{\text{h,geo}}$——地源热泵系统的年供暖供热量，kW·h；

$Q_{\text{h,air}}$——空气源热泵系统的年供暖供热量，kW·h；

$Q_{\text{h,sol}}$——太阳能系统的年供暖供热量，kW·h；

$Q_{\text{h,bio}}$——生物质供暖系统的年供暖供热量，kW·h；

$E_{\text{h,geo}}$——地源热泵机组年供暖耗电量，kW·h；

$E_{\text{h,air}}$——空气源热泵机组年供暖耗电量，kW·h。

### 2.3.8 生活热水系统中可再生能源利用量计算公式

$$EP_{\text{w}} = EP_{\text{w,geo}} + EP_{\text{w,air}} + EP_{\text{w,bio}} \tag{2-9}$$

$$EP_{\text{w,geo}} = Q_{\text{w,geo}} - EP_{\text{w,geo}} \tag{2-10}$$

$$EP_{\text{w,air}} = Q_{\text{w,air}} - EP_{\text{w,geo}} \tag{2-11}$$

$$EP_{\text{w,sol}} = Q_{\text{w,sol}} \tag{2-12}$$

$$EP_{\text{w,bio}} = Q_{\text{w,bio}} \tag{2-13}$$

式中：

$EF_{\text{w,geo}}$——地源热泵生活热水系统的年可再生能源利用量，kW·h；

$EP_{\text{w,air}}$——空气源热泵生活热水系统的年可再生能源利用量，kW·h；

$EP_{\text{w,bio}}$——生物质生活热水系统的年可再生能源利用量，kW·h；

$Q_{\text{w,geo}}$——地源热泵系统的年生活热水供热量，kW·h；

$Q_{\text{w,air}}$——空气源热泵系统的年生活热水供热量，kW·h；

$Q_{\text{w,sol}}$——太阳能系统的年生活热水供热量，kW·h；

$Q_{\text{w,bio}}$——生物质生活热水系统的年生活热水供热量，kW·h；

### 2.3.9 供冷系统中可再生能源利用量计算公式

$$EP_{\text{c}} = EP_{\text{c,sol}} = Q_{\text{c,col}} \tag{2-14}$$

式中：

$EP_{\text{c,sol}}$——太阳能供冷系统的年可再生能源利用量，kW·h；

$Q_{\text{c,col}}$——太阳能供冷系统的年供冷量，kW·h。

各种能源的一次能源换算系数应按表2-6确定。

表2-6　一次能源换算系数

| 能源类型 | 换算单位 | 一次能源换算系数 |
|---|---|---|
| 标煤 | $kW \cdot h/kgce_{终端}$ | 8.14 |
| 天然气 | $kW \cdot h/m^3_{终端}$ | 9.85 |
| 热力 | $kW \cdot h/kW \cdot h_{终端}$ | 1.22 |
| 电力 | $kW \cdot h/kW \cdot h_{终端}$ | 2.60 |
| 生物质能 | $kW \cdot h/kW \cdot h_{终端}$ | 0.20 |
| 电力（光伏、风力等可再生能源发电） | $kW \cdot h/kW \cdot h_{终端}$ | 2.60 |

## 思考题

1. 建筑能耗的标准有哪些方面？请思考国内外对于建筑耗能标准定制的关键点和差异性体现在哪些方面，并提出你的见解。

2. 零耗建筑的技术体现在哪两个方面？这两者的区别又体现在哪些方面？

3. 请简述被动式节能技术在零耗建筑改造中的应用。你认为被动式节能的优势体现在哪些方面？

4. 列举主动式节能的技术关键点体现在哪些方面？请思考如何实现主被动节能技术的结合。

5. 阐述一下零耗建筑节能技术在实际应用中如何选择？请列举一个主被动节能技术结合的经典案例来具体说明。

6. 零耗建筑的能效指标计算要求有哪些？

## 参考文献

[1] 清华大学建筑节能研究中心. 中国建筑节能年度发展研究报告 2020[M]. 北京：中国建筑工业出版社，2020.

[2] 刘俊跃，李大伟，彭琛，等. 基于能源消耗总量控制下的我国建筑节能标准体系研究 [J]. 建设科技，2015( 14 ):12-15.

[3] 夏建军，江亿. 民用建筑能耗标准中供暖指标值的确定方法 [J]. 建设科技，2015( 14 ):51-55.

[4] 伍小亭. 超低能耗绿色建筑设计方法思考与案例分析——以中新天津生态城公屋展示中心为例 [J]. 建设科技，2014( 22 ):58-65.

[5] 孙志群，楼杨，贺飞. 零能耗建筑技术 [J]. 建筑技术开发，2016,43( 5 ):97-100.

[6] 魏园园. 被动式节能技术在建筑改造中的应用策略研究 [D]. 杭州：浙江大学，2015.

[7] 龙凯晨. 西北乡村太阳能住宅供暖效果评价体系研究 [D]. 西安：西安理工大学，

2023.

[8] 金双双 . 建筑自然通风气候潜力分区研究 [D]. 西安：西安建筑科技大学，2021.

[9] 夏昶华，杨梦蝶，章志鸿，等 . 夏热冬冷地区零碳建筑围护结构节能优化设计——以某零碳展示馆为例 [J]. 建设科技，2023( 19 )：62-66.

[10] 张睿哲，丛勐，伍雁华，等 . 被动与主动节能技术相结合的可移动式轻型钢结构房屋示范——以东南大学"梦想居"未来屋项目为例 [J]. 建设科技，2017( 17 )：48-50.

[11] 李龙海 . 机场航站楼主被动式节能设计 [J]. 中国民用航空，2009( 3 ):17-19.

[12] 逄敏 . 基于可再生能源与储能耦合的建筑能源规划与利用 [J]. 储能科学与技术，2024，13( 2 )：586-588.

[13] 刘晓云 . 新型材料在住宅建筑工程安全设计中的可行性研究 [J]. 居舍，2024( 7 )：36-38.

# 第3章　零耗建筑设计

**本章导读**

　　本章在给出零耗建筑设计基本原则的基础上，从外墙及窗户、空调及通风、采暖及供热、屋顶太阳能、地源热泵、光伏建筑一体化、保温及建筑节能方面阐述零耗建筑设计方法，为零耗建筑建造提供实践依据。

## 3.1　建筑本体设计

### 3.1.1　设计原则

（1）层次合理原则

　　建筑物应按照功能需求和使用要求进行科学合理的布局设计。合理的布局能够在不增加能耗的情况下，最大限度地提高建筑物的能源利用效率。比如，将常用的功能区域集中布置在北侧，以减少暑热的进入，使用高效隔热材料，减少热量的损失等。

（2）隔热保温原则

　　建筑物的隔热保温设计是建筑节能的核心原则之一。采用高效隔热材料，如保温板、保温棉等，能够减少热量的传递和损失。同时，结合建筑的朝向和太阳辐射角度，合理选择窗户的材料、尺寸和朝向，以减少热量的进入或散出。

（3）采光通风原则

　　科学合理的采光通风设计是建筑节能的重要手段。通过合理设置门窗、采用透明材料，能够充分利用自然光源，减少人工照明的使用。同时，采用自然通风系统、智能控制系统等技术手段，能够实现建筑物内部空气的流通和新鲜空气的补充，降低空调系统的能耗。

（4）节水节能原则

　　建筑物的节水节能设计是实现可持续发展的重要方向。通过采用节水器具、回收利用污水等技术手段，能够减少建筑物的用水量，降低能源消耗。同时，合理设置水、电、气设备的供应和使用系统，提高能源利用效率。

（5）智能化控制原则

　　采用智能化控制系统，能够实现对建筑物内部环境的精细控制。通过感知和调节温度、湿度、光照等参数，实现能源的精确控制和优化利用。例如，建筑物内部设有人体红外传感器，能够实时感知人员的存在，自动开启或关闭照明设备。

（6）可再生能源利用原则

利用可再生能源是实现建筑物绿色能源的重要途径。通过安装太阳能光伏发电系统、风力发电系统等设备，能够将自然资源转化为电能，给建筑物提供日常用电。同时，还可以采用地源热泵、空气能热泵等技术，充分利用地壳和大气中的能源，实现建筑物的供暖和制冷。

（7）生态环境保护原则

建筑物的节能设计应当充分考虑生态环境的保护和可持续性发展。通过选择环保材料、建设生态屋顶、建立雨水收集利用系统等措施，减少对自然环境的影响，提高建筑物的可持续性和环保性。

## 3.1.2 总体设计

（1）建筑选址

选址的节能问题是一个与自然整合的问题，要符合自然规律，尽量利用自然环境来创造适合人类生存的条件。建筑选址需要争取日照，避风建宅。建筑基地宜选在向阳的地段上，为争取日照创造条件，而不适宜选择在山谷、洼地、凹地等处，因为冬季冷空气流易在凹地形成对建筑物的"霜冻"效应，位于凹地的底层或半地下建筑为保持所需的室内温度所消耗的能量就会相应增加。

（2）建筑布局

住宅群的形状和道路的不同走向对风向和风速有明显的影响，住宅群和道路之间，多为速度较小、方向竖直的管状气流，很难穿越建筑物，所以必须考虑建筑群体的形状和体量的组合和布局，适当布置建筑物，将不同体量、不同角度、不同间距、不同道路走向的建筑物进行合理组合，充分利用自然通风和日照。冬季降低冷风风速，避免冷风渗透，减少建筑物和场地表面热损失，节省能耗；夏季可以组织良好的通风，在建筑物之间及建筑内部形成过堂风，达到自然通风和降温。

从建筑群的平面布局来说，宜采用错列式、斜列示和自由式等形式，而不宜采用不利于自然通风的周边式和并列式布局。从竖向布局来说，宜将较低的建筑布置在夏季风的迎风面的前端，这样有利于季风的渗透。

（3）建筑朝向

选择合理的建筑朝向是群体设计中首先要考虑的问题，朝向对建筑能耗具有举足轻重的影响，最佳朝向范围的概念是日照和通风两个主要因素共同作用的结果。例如，正东向和正西向朝向的建筑比正南向的建筑每年要多消耗 20% 的电能，然而正南向并不一定与当地的太阳射角和夏季风的主导方向相符合，而且理想中的日照方向也并不一定是最有利的通风方向。

从单栋建筑的通风条件来看，房屋垂直于季风主导方向最好，但从整个规划来看，这种情况并非完全有利，而往往希望形成一个角度，以使各排房屋都能获得比较满意的通风效果。因此我们所选定的建筑朝向应适当满足以下要求：①冬季尽量使更多的日光照入室内；②炎热季节尽量减少太阳直射室内及室外墙面；③夏季通风良好，冬季避免冷风吹袭。

在实际工程中，我们应该合理利用朝向，使建筑在夏季尽量避开南向烈日的炙烤，而在冬季争取尽可能多的温暖阳光，打造冬暖夏凉的宜人环境。在设计中根据日照和太阳入射角确定住宅朝向范围后，再进一步根据季风主导方向进行调节，选取合理的朝向，以获得良好的夏季穿堂风。

（4）建筑间距

建筑间距的确定一般是由日照间距和节地措施决定的，阳光对于个人不仅有卫生学的意义，同时对人的心理及精神也具有一定的影响。它不但是热源，同时还可以提高室内的日照水平，一般居住建筑总希望在夏季避免日晒而在冬季又能获得充分的阳光照射，因此在选择住宅的日照时间时，通常取冬至日 1h 或者大寒日 2h 日照为下限，再根据地理纬度和用地情况加以调整，从而保证住宅室内具有一定的日照量，进而确定建筑的最小间距。从建筑的竖向布局来说，前排建筑采用斜屋面或把较低的建筑布置在较高建筑的阳面方向都能够缩小建筑的间距。

# 3.2 外墙及窗户设计

## 3.2.1 外墙设计

建筑遮阳系统指的是遮挡阳光，避免阳光对外围护结构的直接照射，以最大限度减少太阳热辐射，取得理想的节能效果。遮阳在控制室内温度方面有非常好的效果，研究表明，在闭窗情况下，有遮阳室内温度与无遮阳室内温度差 2℃，平均温度差可控制在 1.4℃左右，在有遮阳情况下，房间温度波动范围不是很大，整个室内温度场相对较为均匀，能够在很大程度上延迟室内温度最高值出现的时间。

建筑遮阳系统不仅可以设置在建筑立面，同时还可以应用在建筑屋顶设计中，计算地区日照角，在屋面结构板设计时设计深挑檐。采取这种建筑构造方式不仅能够优化建筑风格，同时还能够有效降低夏季外墙方面的太阳热辐射。

## 3.2.2 窗户设计

### 3.2.2.1 窗户设计与能耗的关系

窗户在建筑设计中起到了采光、通风和室内外交流的重要作用，然而不合理的窗户设计将导致能源浪费。以下是窗户设计如何影响能源节约的几个方面：

（1）窗户类型选择

合理选择窗户类型是节能施工方案的关键一步。例如，双层窗户可以减少热量传递，增加保温性能；中空隔热窗具有隔音、隔热的功能；夹层玻璃窗可以通过沉积一层镀膜使阳光辐射降至最低，减少夏季室内紫外线的照射。

（2）窗框材料选择

窗框材料对窗户的能源性能影响很大。铝合金窗框是传统选择，但其导热系数较高，容易导致能量损失。而使用塑钢窗框或木质窗框，能够有效减少传热散热率，提高窗户的绝热性能。

（3）窗户尺寸和朝向

合理设置窗户的尺寸和朝向，能够最大限度地利用自然光线和自然通风，降低人工照明和空调系统的使用频率。例如，南向窗户可以增加冬季室内日照量，减少供暖负荷。

尽量减少门窗的面积，门窗是建筑能耗散失的最薄弱部位，面积约占建筑外围护结构面积的30%，其能耗约占建筑总能耗的2/3，其中传热损失为1/3。被动式太阳能的利用一直存在着一对矛盾：冬季白天建筑南向为获得尽可能多的太阳辐射而开设尽量大的窗口以获得热量，然而白天获热量最多的部位也是夜间失热量最多的部位。所以门窗是外围护结构节能的重点，在保证日照、采光、通风、观景条件下，应尽量减少外门窗洞口的面积。

建筑中门窗材料和密闭性对室内温度变化起着一定的作用，设计中应采用密闭性良好的门窗，通过改进门窗产品结构（例如加装密封条）、采用双层真空玻璃窗、中空玻璃窗等目前市面上保温性能好的窗户，提高门窗气密性，防止空气对流传热。

### 3.2.2.2 不同建筑类型的窗户设计方案

（1）住宅建筑

在住宅建筑中，为了增加采光和通风效果，可以选择大尺寸的窗户，并设置透明隔热层以减少热量传递。此外，可以考虑使用智能窗户，通过调节窗户玻璃的透明度控制室内光线的亮度，降低人工照明的使用率。

（2）商业建筑

商业建筑通常面积较大，因此在窗户设计中需要考虑到隔热和防噪音的功能。可以选择夹层玻璃窗，并在窗户中间隔层中加入隔音材料，以达到保温、隔热和隔音的目的。同时，窗户设计中考虑到遮阳和遮光的需求，可以减少空调系统的使用频率。

（3）教育建筑

教育建筑对采光和自然通风有较高要求。窗户设计可以选择带有通风功能的开窗，如推拉窗、平开窗等。此外，可以设置自动化控制系统，通过感应室内光照度和室内温度，及时调整窗户的开合状态，以实现节能效果。

### 3.2.2.3 智能技术在窗户设计中的应用

除了传统的窗户设计方案，现代技术也为窗户设计带来了新的可能性，以进一步提高能源节约效果。

（1）智能玻璃

利用电流调节玻璃的透明度，可以控制室内光线的亮度和室外热量的传递。在夏季，可调光玻璃可以减少阳光照射，降低室内温度，减少空调系统的能耗。

（2）窗户光伏

将光伏元件集成到窗户玻璃中，可以将阳光转化为电能，为建筑物提供清洁能源。这种设计不仅具有节能效果，还可以促进建筑的可持续发展。

（3）窗户自洁涂层

涂覆自洁涂层的窗户，可以在降低室内悬尘与脏污的同时，提高窗户的透明度，减少室内人工照明的使用。

# 3.3 空调及通风系统

## 3.3.1 空调系统的能源节约技术

空调系统是建筑物中能耗最大的部分之一。因此，在设计和使用空调系统时，应着重考虑能源的节约问题。首先，在设计阶段可以选择高效空调设备和节能材料，减少空调系统的能耗。其次，可以根据室内温度和人员活动情况来合理设置空调的温度和风速，避免能源的浪费。

此外，还可以利用一些新技术来提高空调系统的能源利用效率。例如，可以使用智能控制系统，通过感应器感知室内环境的变化，并自动调节空调设备的工作状态。同时，还可以使用太阳能空调系统，将太阳能转化为电能来驱动空调设备，减少传统能源的消耗。

## 3.3.2 通风系统的能源节约技术

建筑物中的通风是通过强制通风系统和自然通风系统进行的。

一方面，强制通风系统使用风扇和通风管道，通过循环外部空气来达到通风效果。为了节约能源，在通风系统中可以使用一些新技术，如智能风扇和能耗监测装置。智能风扇能够根据室内温度和湿度进行自动调节，避免不必要的能源浪费。能耗监测装置可以实时监测通风系统的能耗情况，对能源的使用进行合理调控。

另一方面，自然通风系统是通过自然气流来实现通风效果的。在建筑设计中，可以合理设置门窗和通风口，以便利用自然气流进行通风。此外，还可以通过夜间通风和太阳能通风系统来进一步提高能源利用效率。夜间通风是在夜间凉爽时开启窗户进行通风，以降低室内温度。太阳能通风系统则是利用太阳能来驱动风扇和通风设备，降低系统的能源消耗。

# 3.4 采暖及供热系统

## 3.4.1 供热系统分类及评估

能源供热系统在建筑设计和能源利用中起着至关重要的作用。随着社会对能源可持续性和环境友好性的重视，人们对不同能源供热系统的选择进行了更深入的探讨和评估。

（1）传统能源供热系统

传统的能源供热系统主要包括燃煤和燃气供热系统。这些系统在很长一段时间内被广泛应用，具有一定的优势和劣势。

燃煤供热系统使用煤炭作为燃料，通过燃烧产生热能，供暖室内空间。其优势在于成本较低，热量传递效率较高。然而，燃煤燃烧产生的二氧化碳和颗粒物等有害物质对环境和空气质量造成严重影响，且煤炭资源有限，不可持续。

燃气供热系统采用天然气等燃气作为燃料，具有清洁、便捷等优点。相比于燃煤系统，燃气供热系统的环境影响更小，热量输出也更为稳定。然而，天然气等化石燃料的储量也是有限的，且价格波动较大，不具备可持续性。

（2）新能源供热系统

地源热泵系统利用地下土壤中的热能进行换热，通过压缩机等设备将低温热能提升并传递到室内，提供供暖和热水。地源热泵系统具有环境友好、能源利用效率高的特点，且不受气候影响，稳定性较强。

太阳能热水系统通过太阳能集热器将太阳能转化为热能，供应热水或者辅助供暖。太阳能热水系统具有零排放、可再生、长期稳定等优点，是一种环保、经济的能源选择。

（3）能源供热系统的评估

在零耗建筑设计中，选择合适的能源供热系统至关重要。评估不同能源供热系统的优劣势应考虑以下几个方面：

①能源利用效率。新能源供热系统通常具有更高的能源利用效率，能够最大限度地利用可再生能源资源，降低能源消耗和浪费。

②环境影响。传统能源供热系统通常会产生大量的排放物，对环境造成严重影响。新能源供热系统则具有零排放或者低排放的特点，对环境污染较小。

③可持续性。新能源供热系统具有更好的可持续性，能够长期稳定地满足能源需求，减少对有限资源的依赖，符合可持续发展的理念。

综上所述，新能源供热系统在零耗建筑设计中具有明显的优势，其环保、高效、可持续的特点符合现代社会对能源的需求和发展方向。因此，在能源供热系统的选择中，应优先考虑新能源供热系统，实现能源利用的最大化和环境保护的双赢。

## 3.4.2 节能与环保考量

随着全球气候变化日益严重和能源资源的日益紧缺，节能与环保已成为现代社会发展的重要课题之一。在采暖及供热系统设计中，节能与环保更是至关重要。

（1）节能技术和措施的应用

隔热材料：在供热系统设计中，采用优质的隔热材料可以有效减少能量损失。隔热材料可以应用在建筑外墙、管道、锅炉等部位，以减少热量的散失，提高供热效率。

高效循环水泵：循环水泵在供热系统中起着重要作用，传统的水泵存在能耗高的问题。

采用高效循环水泵可以降低能耗，提高水泵的运行效率，减少能源消耗。

智能温控系统：智能温控系统可以根据室内外温度变化和用户需求，实时调节供热系统的工作状态。通过智能温控系统，可以精确控制供热水温和供热时间，实现能耗的最优化。

（2）供热系统与建筑能耗的关系

供热系统在建筑能耗中占据重要地位，其设计和运行管理直接影响着建筑的能源消耗和环境。供热系统的能效水平和稳定性，直接关系到建筑的能源利用效率和环境保护。

优化供热系统设计和运行管理是降低建筑能耗的重要手段之一。通过合理选择供热设备、采用节能技术和措施，可以有效降低供热系统的能耗和碳排放，从而实现节能与环保的双重目标。

（3）优化设计和运行管理策略

合理选择供热设备：在供热系统设计中，应根据建筑的实际情况和供热需求，选择合适的供热设备和技术。优先选择能效高、环保性好的供热设备，以降低能耗和排放。

定期维护和检查：对供热系统的设备和管道进行定期维护和检查，保持设备的正常运行，减少能源浪费和对环境的污染。

科学管理和监控：引入先进的监控系统，对供热系统的运行情况进行实时监测和管理。通过数据分析和优化调整，提高供热系统的运行效率和能效水平。

节能与环保在采暖及供热系统设计中的重要性不言而喻。通过采用节能技术和措施，优化供热系统设计和运行管理，可以有效降低能源消耗和环境影响，实现可持续发展的目标。建立节能与环保意识，推动供热系统的创新和发展，是当前和未来的重要任务。希望本书的内容能够引起更多人对节能与环保的关注和重视，共同为建设美丽的地球作出贡献。

### 3.4.3　技术创新与系统设计

随着城市化进程的加快和人们对舒适生活的追求，现代供热技术在不断创新和发展。智能控制系统、高效换热设备、节能调温装置等技术的不断涌现，为供热领域带来了新的发展机遇与挑战。

（1）智能控制系统

智能控制系统是现代供热技术的重要组成部分，它利用先进的传感器、控制器和通信技术，实现对供热系统的精确监测和调节。通过智能控制系统，供热系统能够根据室内外温度、用户需求等因素实时调节供热水温、供热时间等参数，实现能耗的最优化。同时，智能控制系统还具有远程监控和故障诊断功能，能够及时发现并解决供热系统的问题，提高了系统的稳定性和可靠性。

（2）高效换热设备

高效换热设备是提高供热系统能效的关键。传统的换热设备存在换热效率低、能耗高等问题，而现代高效换热设备则采用了先进的材料和设计，具有更大的换热面积和更高的传热效率。常见的高效换热设备包括板式换热器、管式换热器等，它们在供热系统中起着至关重要的作用，能够有效提高供热系统的能效和稳定性。

（3）节能调温装置

节能调温装置是现代供热技术的又一重要组成部分，它通过调节供热水温和供热时间，实现对能源的有效利用。节能调温装置通常采用先进的控制算法和执行机构，能够根据室内外温度、用户需求等因素动态调节供热系统的工作状态，实现能耗的最小化。同时，节能调温装置还能够有效降低系统的运行成本和维护成本，具有较高的经济性和实用性。

（4）不同供热系统的技术特点

在现代供热技术中，常见的供热系统包括集中供热系统和分户式供热系统。集中供热系统是将供热设备集中设置在供热站，通过管网将热能输送到各个用户处，具有成本低、运行维护方便等优点；而分户式供热系统则是将供热设备分散设置在各个用户处，使每户都拥有独立的供热系统，具有温控精度高、节能环保等优点。

在零耗建筑中，供热系统的设计原则与传统建筑有所不同。零耗建筑注重能源的高效利用和对环境的保护，因此在供热系统的设计中更加注重节能、环保和舒适性。常见的设计原则包括利用太阳能、地热能等可再生能源进行供热，采用高效换热设备和节能调温装置，优化建筑结构和采光设计等。

现代供热技术的创新和发展为城市供热带来了新的机遇和挑战。智能控制系统、高效换热设备、节能调温装置等技术的不断涌现，使得供热系统能够更加智能化、高效化和环保化。不同供热系统具有各自的技术特点，在不同的应用场景中具有不同的优势。在零耗建筑中，供热系统的设计需要遵循节能、环保和舒适性等原则，充分利用可再生能源和先进技术，实现能源的高效利用和对环境的保护。随着科技的不断进步和社会的不断发展，相信现代供热技术将会迎来更加美好的未来。

## 3.4.4　供热系统与建筑设计

在现代建筑设计中，供热系统的设计不仅仅是为了满足建筑内部的温度需求，更是与整体建筑设计密切相关的重要组成部分。优秀的供热系统设计应该与建筑的结构、朝向、采光等因素相协调，实现能源的综合利用和最优配置。

（1）供热系统与建筑设计的协调

建筑结构与供热系统：建筑结构的设计直接影响着供热系统的布置和管道走向。在建筑设计阶段，应充分考虑供热管道的敷设空间和通风要求，合理安排建筑结构，为供热系统的布置提供便利条件。

建筑朝向与供热系统：建筑的朝向不仅对日照和采光有重要影响，还影响着供热系统的能源利用效率。在建筑朝向的选择上，应考虑阳光的利用和遮挡，合理安排供热系统的采暖区域和供热设备的布置位置。

建筑采光与供热系统：采光是建筑设计的重要考虑因素，但也可能导致能量损失。在供热系统设计中，应根据建筑采光的情况选择合适的窗户类型和玻璃材料，减少能量损失，提高供热系统的能效性能。

（2）与供热系统相关的配套设施

管道布置：供热系统的管道布置应遵循短管短路原则，减少管道的阻力和能量损失。合理的管道布置不仅可以提高供热系统的运行效率，还能降低管道维护和运行成本。

换热站设计：换热站是供热系统的重要组成部分，直接影响着供热水的循环和传热效率。换热站的设计应考虑换热器的选型、管道连接方式、控制系统等因素，保证供热系统的稳定运行和高效性能。

室内温控设备：室内温控设备是供热系统的重要环节，直接影响着室内的舒适度和能源消耗。采用智能温控设备可以根据室内外温度变化和用户需求，实时调节供热系统的工作状态，实现能源的最优配置和利用。

（3）优化设计与实践

综合考虑建筑特性：在供热系统设计中，应充分考虑建筑的结构特点、朝向、采光等因素，综合优化供热系统的布置和设备选型，实现能源的综合利用和最优配置。

强化系统监控与管理：引入先进的监控系统，对供热系统的运行情况进行实时监测和管理。通过数据分析和优化调整，提高供热系统的运行效率和能效水平，减少能源浪费和环境污染。

加强技术创新与应用：积极引进先进的供热技术和设备，不断推进技术创新和应用，提高供热系统的稳定性和可靠性，为建筑能源的节约和环境保护做出更大的贡献。

供热系统设计应与整体建筑设计相协调，充分考虑建筑结构、朝向、采光等因素，实现能源的综合利用和最优配置。与供热系统相关的配套设施，如管道布置、换热站设计、室内温控设备等，也需要精心设计和优化，以确保整个系统的稳定运行和高效性能。本书能为实现供热系统设计与建筑设计的协调提供参考，推动供热系统的创新与发展，实现能源的可持续利用和对环境的保护。

# 3.5 屋顶太阳能系统

## 3.5.1 技术原理和组成要素

太阳能作为一种清洁、可再生的能源，被广泛应用于光伏发电系统中。

（1）太阳能电池板的结构和工作原理

太阳能电池板通常由多个太阳能电池组成，太阳能电池是一种将太阳能直接转换为电能的半导体器件。典型的太阳能电池通常由硅材料制成，其结构包括 P 型硅和 N 型硅，当太阳光照射到太阳能电池板上时，光子会激发硅中的电子，从而形成电压差，产生电流。这一过程被称为光伏效应。

（2）光伏发电系统的组成要素

光伏发电系统由多个关键组件组成，其中包括：

太阳能电池板：太阳能电池板是光伏发电系统的核心组件，负责将太阳能转化为电能。

逆变器：逆变器是将直流电转换为交流电的关键组件，使得太阳能发电系统产生的直流电能够接入交流电网或供给家庭用电设备。

电池储能系统：电池储能系统用于存储太阳能发电系统产生的电能，以便在夜间或阴天时供电使用，提高光伏发电系统的稳定性和可靠性。

（3）太阳能转化为电能的过程

太阳能转化为电能的过程主要分为以下几个步骤：

光吸收：太阳能电池板表面覆盖有光伏电池，当太阳光照射到光伏电池表面时，光子被吸收并激发电子。

电子运动：光子的能量使得 P 型和 N 型硅中的电子被激发，从而产生电压差和电流。

电荷分离：在电场的作用下，被激发的电子和原子内的空穴被分离，形成电压。

电流输出：当太阳能电池板连接到电路中时，电子流动产生电流，将太阳能转化为电能。

（4）太阳能系统中的关键组件

逆变器：逆变器是将直流电转换为交流电的关键组件。它可以将太阳能电池板产生的直流电转换为交流电，以满足家庭或工业用电需求。

电池储能系统：电池储能系统可以存储太阳能电池板产生的电能，以便在夜间或阴天时供电使用。它提高了光伏发电系统的稳定性和可靠性，也为应对电网波动提供了支持。

太阳能系统作为一种清洁、可再生的能源形式，具有广阔的应用前景。太阳能电池板是太阳能系统的核心组件，通过光伏效应将太阳能转化为电能。光伏发电系统的组成要素包括太阳能电池板、逆变器和电池储能系统等关键组件。逆变器和电池储能系统在太阳能系统中起着至关重要的作用，提高了系统的稳定性和可靠性，推动了太阳能发电技术的发展与应用。

## 3.5.2　设计与安装考虑

太阳能系统作为清洁、可再生的能源解决方案，其在建筑屋顶上的应用逐渐成为一种主流。

（1）选择太阳能板类型和布局

太阳能板类型：太阳能板主要分为单晶硅、多晶硅和薄膜太阳能电池板。选择适合项目的太阳能板类型需要考虑性能、成本和可行性等因素。单晶硅通常效率较高，但成本也较高；多晶硅相对经济，适用于大面积安装；薄膜太阳能板轻便，适用于特殊设计场景。

太阳能板布局：太阳能板的布局涉及到如何在屋顶上摆放太阳能板，以最大程度地吸收太阳能。应考虑太阳轨迹、建筑朝向和屋顶可利用空间，来优化太阳能板的布局，以提高系统的能源产出。

（2）考虑屋顶结构和承载能力

屋顶结构：在设计太阳能系统时，需要评估屋顶的结构是否能够承受太阳能板的重量。这需要考虑屋顶的建造材料、结构类型和承载能力。一般而言，屋顶结构的强度越高，越能支持更多的太阳能板。

承载能力：考虑到太阳能板的重量，需要确保屋顶承载能力足够。通过与结构工程师合作，进行结构评估，以确保太阳能系统的安全性和稳定性。

（3）系统与建筑电气系统的集成

电气系统规划：太阳能系统的电气组件需要与建筑电气系统集成。这包括逆变器、电表、断路器等元件的布置和连接。合理规划电气系统，确保太阳能发电系统能够与建筑电气系统无缝协同工作。

电网连接：分布式太阳能系统需要与电网连接。需要考虑电网连接点、功率因数调整等因素，确保太阳能系统能够平稳地注入电网，并符合相关法规和标准。

（4）太阳能板的朝向、倾斜角度和阴影遮挡

朝向：太阳能板的朝向影响着能源收集效率。在北半球，朝向南方的角度最佳，而在南半球则是朝向北方。需要优化朝向，最大化太阳辐射的吸收。

倾斜角度：太阳能板的倾斜角度影响着太阳能的接收效果。需要合理选择倾斜角度，以确保太阳能板在不同季节和时间段内都能最大程度地吸收阳光。

阴影遮挡：阴影对太阳能系统的影响不容忽视。通过分析建筑周围的阴影，确定太阳能板的布局，避免遮挡，以提高系统的整体性能。

设计和安装屋顶太阳能系统是一项复杂而关键的任务，需要全面考虑多个因素。通过选择合适的太阳能板类型和布局、评估屋顶结构和承载能力、进行系统与建筑电气系统的有效集成，以及优化太阳能板的朝向、倾斜角度和阴影遮挡等因素，可以最大程度地提高太阳能系统的能源产出，实现可持续、高效的能源利用。

### 3.5.3 性能评估与优化

屋顶太阳能系统作为清洁能源的重要组成部分，在可持续能源发展中扮演着重要角色。为了确保太阳能系统的有效运行和能源产出，需要进行系统的性能评估、监测和维护。

（1）评估系统的性能

发电效率：发电效率是衡量太阳能系统性能的重要指标之一。它表示系统实际产生的电能与理论可产生电能之间的比率。通过监测太阳能电池板的输出功率和光照强度，可以计算出系统的发电效率，并评估其性能水平。

稳定性：太阳能系统的稳定性指系统在不同环境条件下的稳定性能。包括在恶劣天气条件下的稳定性、系统在长期运行过程中的稳定性等方面。通过长期的监测和数据记录，可以评估系统的稳定性，并采取相应措施进行优化。

可靠性：可靠性是指太阳能系统在规定的工作条件下，保持其性能功能的能力。可靠性评估涉及系统的组件和设备的可靠性分析，包括太阳能电池板、逆变器、电池储能系统等关键部件的可靠性评估，以确保系统长期稳定运行。

（2）优化系统的设计和运行

系统设计优化：在系统设计阶段，可以通过选择合适的太阳能板类型和布局、考虑屋

顶结构和承载能力、优化系统与建筑电气系统的集成等方法，优化系统的设计，提高发电效率和系统稳定性。

运行参数调整：在系统运行阶段，可以根据实际情况调整系统的运行参数，包括逆变器工作模式、电池充放电策略等，以提高系统的性能和能源产出。

定期检查和维护：对太阳能系统进行定期的检查和维护是保证系统长期稳定运行的关键。包括清洁太阳能板表面、检查连接线路和设备运行状态等，及时发现和解决问题，确保系统的正常运行。

（3）监测和维护太阳能系统

实时监测系统性能：利用监测设备对太阳能系统的性能参数进行实时监测，包括发电量、电压、电流等，及时发现异常情况并进行处理。

数据记录和分析：对监测数据进行记录和分析，了解系统运行情况和性能表现，发现问题和优化空间，并制订相应的维护计划和改进措施。

定期维护和保养：定期对太阳能系统进行维护和保养，包括清洁太阳能板、检查电气连接、紧固螺丝等，确保系统的长期稳定运行。

屋顶太阳能系统的性能评估和监测是确保系统长期稳定运行和提高能源产出的关键步骤。通过评估系统的发电效率、稳定性和可靠性，并采取相应的优化措施和监测维护方法，可以提高太阳能系统的整体性能和运行效率，推动清洁能源技术的发展和应用。

### 3.5.4　经济与环境效益

随着全球对可再生能源的需求不断增长，太阳能作为一种清洁、可再生的能源形式，受到了广泛关注和应用。屋顶太阳能系统作为太阳能利用的一种主要方式，已经在许多建筑项目中得到了广泛应用。

（1）经济效益

屋顶太阳能系统的经济效益在于其长期的投资回报。首先，投资成本涵盖了太阳能板、逆变器、支架、安装和维护等方面的费用。虽然初始投资较高，但随着太阳能技术的不断发展和成熟，以及产业规模的扩大，太阳能系统的成本会逐渐下降。其次，屋顶太阳能系统的回收周期通常在 5 年到 15 年之间，取决于当地的太阳能资源、电价和政策支持等因素。最后，长期收益主要来自太阳能发电，减少了对传统能源的依赖，降低了能源成本。

（2）环境效益

屋顶太阳能系统的环境效益主要体现在节能减排方面。太阳能发电过程中不产生二氧化碳等温室气体，相比燃煤发电等传统能源，对环境的影响更小。通过利用太阳能发电，可以减少对化石能源的消耗，降低对环境的负面影响，为可持续发展做出贡献。

（3）政策支持与市场发展

政策支持是推动太阳能系统发展的重要因素。许多国家和地区通过补贴、税收优惠、政府采购等方式支持太阳能发电项目。这些政策措施降低了太阳能系统的投资门槛，刺激了市场需求，促进了太阳能产业的发展。随着技术的进步和市场的竞争，太阳能系统的成本不断下降，效率不断提高，使得太阳能成为越来越具有竞争力的能源选择。

（4）可行性分析与应用案例

在建筑项目中，屋顶太阳能系统的可行性分析需要考虑多个因素，包括建筑的朝向、屋顶结构、日照条件、电力需求等。一般来说，朝向良好、日照充足的建筑更适合安装太阳能系统。此外，电力需求大的建筑，如商业大楼、学校、工厂等，更能从太阳能系统中获得经济和环境效益。

举例来说，位于美国加利福尼亚州的一座商业大楼通过安装屋顶太阳能系统，实现了每年数十万美元的电费节省，回收周期仅为 8 年。而在德国，政府的太阳能补贴政策促进了大量居民和企业安装太阳能系统，为国家实现了可观的节能减排效果。

屋顶太阳能系统作为一种清洁、可再生的能源形式，在经济和环境效益方面都具有重要意义。随着政策支持和技术进步，太阳能系统的市场前景广阔，将在未来的建筑项目中发挥更加重要的作用。然而，在实际应用中，需要综合考虑各种因素，以确保太阳能系统的最优化配置和运行效果。

# 3.6　地源热泵系统

## 3.6.1　工作原理和技术特点

地源热泵系统作为一种高效、低能耗、环境友好的供热与制冷系统，在建筑节能领域具有重要应用价值。

（1）工作原理

地源热泵系统利用地下土壤或地下水中的热能来进行供热和制冷，其工作原理可以分为以下几个主要步骤：

地源换热器：是地源热泵系统的核心组件之一，通常安装在地下，利用地下土壤或地下水中的稳定温度来进行换热。地源换热器分为水源和地源两种，其中水源换热器通过循环水与地下水交换热量，地源换热器则通过将管道埋入地下土壤中进行换热。

热泵循环系统：由压缩机、膨胀阀、蒸发器和冷凝器等部件组成。在供暖模式下，蒸发器中的制冷剂吸收地热，变成低温低压的蒸汽；然后被压缩机压缩成高温高压蒸汽，释放出热量；最后通过冷凝器释放热量供暖。在制冷模式下，则进行相反的操作，将室内热量排出。

（2）技术特点

地源热泵系统具有以下几个技术特点：

高效能：地源热泵系统利用地下恒定的温度资源进行换热，不受季节影响，具有稳定的供暖和制冷效果，能够实现高效能的能源利用。

低能耗：相比传统的供暖和制冷系统，地源热泵系统不需要燃烧燃料，减少了能源消耗和碳排放，从而降低了能源成本和环境污染。

环境友好：地源热泵系统采用清洁的地热能源，不产生污染物和废气，对环境影响较小，符合可持续发展的理念。

（3）与传统系统比较

与传统的供暖和制冷系统相比，地源热泵系统具有明显的优势：

节能环保：地源热泵系统利用地下稳定的热能资源，不产生废气和污染物，具有较高的能源利用效率，符合环保要求。

稳定性：地源热泵系统不受气候季节的影响，稳定性较强，能够提供持续稳定的供暖和制冷效果。

综合成本：虽然地源热泵系统的初始投资较高，但由于其长期的节能效益和环保优势，综合成本低于传统系统，具有较高的经济性。

地源热泵系统作为一种高效、低能耗、环境友好的供热与制冷系统，具有广泛的应用前景。其独特的工作原理和技术特点使其在建筑节能领域具有重要意义，将在未来的建筑工程中得到更广泛的应用和推广。

## 3.6.2 设计与应用案例

地源热泵系统作为一种环保、高效的供暖和制冷系统，在不同类型的建筑中都有广泛的应用。

（1）住宅建筑中的地源热泵系统应用

在住宅建筑中，地源热泵系统被广泛应用于单户别墅、公寓和住宅小区等场所。其设计应用包括以下几个方面：

系统布局：地源热泵系统通常安装在住宅建筑的地下或庭院内，地源换热器的布置应考虑到地下空间的利用和排水等因素。

管道设计：地源热泵系统的管道设计需考虑到供热和制冷的需求，以及管道的敷设深度和排水情况，以确保系统运行稳定。

热泵选择：针对不同规模和需求的住宅建筑，选择合适的地源热泵设备，考虑热泵的制冷、供暖效率、功率和噪声等指标。

（2）商业建筑中的地源热泵系统应用

在商业建筑领域，地源热泵系统被广泛应用于购物中心、酒店、医院和体育馆等大型建筑。其设计应用如下：

系统布局：商业建筑的地源热泵系统布局需考虑到建筑结构、用途和场地限制等因素，以实现最佳的供暖和制冷效果。

管道设计：商业建筑的地源热泵系统管道设计需考虑到建筑规模较大，供热和制冷的需求量大，管道布局需要合理，管径需要充分考虑供热和制冷的需求。

热泵选择：商业建筑对地源热泵系统的要求较高，需要选择性能稳定、可靠性高的设备，以确保系统长期稳定运行。

（3）办公楼中的地源热泵系统应用

在办公楼领域，地源热泵系统被广泛应用于写字楼、企业总部和商业办公楼等场所。其设计应用如下：

系统布局：办公楼的地源热泵系统布局需考虑到建筑结构、空间利用率和建筑外观等因素，以实现美观和实用兼顾。

管道设计：办公楼地源热泵系统的管道设计需考虑到建筑的多层结构、供热和制冷的需求差异，以及管道的保温和维护等要求。

热泵选择：办公楼对地源热泵系统的稳定性和节能性要求较高，需要选择性能优异、节能环保的热泵设备，以提高办公环境的舒适度和工作效率。

地源热泵系统在不同类型建筑中的设计应用具有重要意义，可以为建筑提供稳定、高效的供暖和制冷服务，实现能源节约和环境保护的目标。

## 3.6.3 可持续发展和环境效益

地源热泵系统作为一种清洁、高效的能源利用技术，对建筑可持续发展具有重要意义。

（1）地源热泵系统与建筑可持续发展

减少能源消耗：地源热泵系统利用地下稳定的温度资源进行换热，不需要额外的燃料消耗，相比传统的供暖和制冷系统，能够显著降低建筑的能源消耗。通过提高能源利用效率，降低了建筑的能源成本，推动了建筑向能源节约型方向发展。

降低碳排放：地源热泵系统不直接产生碳排放，减少了对化石燃料的依赖，降低了建筑的碳排放量。在应对气候变化、减少温室气体排放的国际环境下，地源热泵系统具有重要的环保意义，有助于建筑行业实现碳中和目标。

（2）地源热泵系统对环境的影响

地下水循环：地源热泵系统在地下换热器中进行热交换时，可能会对地下水环境产生一定影响。通过合理设计和施工，可以减少对地下水循环的干扰，确保地下水资源的安全和稳定。

土壤热平衡：地源热泵系统对土壤热平衡有一定影响，特别是在大规模应用时，可能会对周围土壤温度产生一定影响。通过合理设计和施工，可以最大程度地减少对土壤热平衡的影响，保护土壤生态环境。

（3）地源热泵系统在低碳园区设计中的重要性

节能减排：低碳园区旨在减少能源消耗和碳排放，地源热泵系统作为一种清洁、高效的供热和制冷技术，是低碳园区设计的重要组成部分。通过在低碳园区中推广应用地源热泵系统，可以有效降低园区的能源消耗和碳排放，推动园区向低碳、可持续发展的方向迈进。

与其他低碳技术的配合应用：地源热泵系统与太阳能光伏、风力发电等其他低碳技术相辅相成，在低碳园区设计中可以进行有效的配合应用。通过多种低碳技术的综合利用，可以实现园区能源的多样化、高效利用，进一步提升园区的可持续发展水平。

地源热泵系统在建筑可持续发展中扮演着重要的角色，通过减少能源消耗、降低碳排放等方面的作用，推动了建筑行业向更加环保、高效的方向发展。在低碳园区设计中，地源热泵系统的应用具有重要意义，可与其他低碳技术相结合，共同推动园区建设向更加可持续的方向发展。当然，在应用过程中，仍需关注其对地下水循环和土壤热平衡的影响，采取有效措施加以控制和调整，确保系统的环保性和可持续性。

# 3.7  光伏建筑一体化系统

## 3.7.1  概念及光伏组件分类

### 3.7.1.1  光伏建筑一体化概念

光伏建筑一体化（BIPV）是指将太阳能光伏技术与建筑技术相结合，在建筑外墙或房顶上安装光伏组件，使建筑能够充分利用太阳能来发电，从而满足居住者的用电需求。BIPV 具有安全可靠、低碳环保的特性，是当前最符合绿色建筑发展趋势的技术模式。BIPV 的光伏系统以其技术成熟和价格低廉的优点，尤其适用于绿色建筑。系统中的光伏组件除了能够产生电力外，还具有其他功能，如隔热、抗气候和遮蔽等。采用 BIPV 技术可以有效降低混凝土和钢材等建材的用量，间接降低建筑碳排放量。在建筑中应用 BIPV 技术，既能满足自身的电力需求，又能产生额外的能源收益，对建筑物自身以及环境的可持续发展都具有重要意义。

BIPV 系统主要包括光伏组件模块、充放电控制器、储能系统、交流逆变电源、线路保护系统以及后备电源等 6 个模块。在设计 BIPV 系统时，需要从全寿命周期的成本出发，合理选择和配置核心部件，同时兼顾建筑的用途、朝向、用电负荷和安全标准等要求，使居住者能够切实感受到绿色建筑带来的科技感和舒适感。

### 3.7.1.2  光伏组件的安装方式

（1）光伏采光顶

在 BIPV 技术的应用中，太阳能采光顶一般设置在屋顶。相较于其他常规的建材，光伏采光顶具有透光性好和节能效果好的优点。它应用了光电发电技术，能够将收集的光能转化为电能，从而实现太阳能的高效利用。太阳能采光顶由双玻太阳能电池板和其他设备构成。当将其应用于实际项目时，要合理设计节点，并选用透光性好的光电模块，还要在安装过程中使用有机硅密封粘接剂，控制施工质量，以确保设备的安全性。

（2）光伏幕墙

从结构上来讲，光伏幕墙的建造方法和传统玻璃幕墙相同。将光伏发电技术与幕墙技术相结合的光伏幕墙，通过光伏组件驱动将太阳能转换为电能，从而达到节能降耗的目的。与其他建材相比，光伏幕墙最大的优点是环保性能好，对周围环境产生的不良影响较小，同时还可以起到通风的作用。光伏幕墙作为一种新型的光伏建筑集成方式，不仅可以就地发电，降低电能传输过程中的成本及能源消耗，还能为电网提供电力，减轻峰值电力负荷，缓解电网峰谷供需矛盾。

## 3.7.2　光伏建筑一体化的应用要求

### 3.7.2.1　合理选择光伏组件

在 BIPV 的应用过程中，应充分利用光伏发电技术，将具有节能和透光等多种特性的材料与建筑的不同部位有机结合起来，从而达到节能减排的目的。要想在城镇住宅中最大限度发挥 BIPV 技术的应用价值，要明确该技术在住宅中的应用要求，并进行合理的设备选型。这样不仅能够满足城镇住宅的发电需求，而且能够确保建筑材料的实用性。

建筑师在使用太阳能采光顶棚和光伏幕墙等光伏组件时，除了要充分利用太阳能资源，还要分析光伏组件的性能，以便实现预先设定的目标。一些光电模块能够快速将光能转换为电能，而且不受外部环境的干扰，实现高效发电。目前，部分太阳能电池板的转换过程较慢，其对太阳光的吸收能力不强，转化的能量较少。因此，建筑设计师要对光电模块进行细致的性能分析，从现实出发，确保光电模块与居住环境相匹配，从而达到节能降耗的目的。

太阳能建筑集成模块与普通的平板太阳能电池模块有很大的区别。光伏与建筑的集成对光伏模块提出了更高的要求，既要将太阳能转换为电能，又要满足住宅的绿色、低碳和节能等要求，还要具备保暖、防水和装饰功能。此外，BIPV 对太阳能电池板的强度和硬度等提出了更高要求。更高的强度和硬度能够降低建设过程中对光伏部件的损伤，从而避免资源浪费，保证建材的高效利用，使建筑符合新时期的绿色发展理念。

光伏发电与一般的发电方式有很大的区别，它以太阳能为能源，利用光电模块将采集到的太阳能转换为电能，为住宅供电。光伏模块与建筑的集成，会受到多种因素的影响。随着太阳能电池技术的不断升级和更新，太阳能电池模块的种类逐渐增加。因为每个住宅小区的地理位置不同，所以太阳光的照射范围有差异。针对这一情况，建筑设计师必须根据不同地区的实际情况和地域特点，因地制宜地使用太阳能电池模块，从而达到理想的发电效果。

### 3.7.2.2　合理布置光伏方阵

将 BIPV 技术应用于城镇住宅时，应结合住宅的实际状况布置光伏阵列，具体为：

①由于城镇住宅的空间功能相对固定，因此建筑设计师需根据实际情况，围绕节能和低耗等需求，结合光伏组件特点，合理布局光伏阵列。

②建筑设计师在布局光伏阵列时，要将太阳照射方向和住宅方位等因素结合起来，保证光伏阵列的有效利用。

BIPV 系统是我国城市建筑节能减排的重要发展方向。要想使光伏建筑在未来能够有效运行，就必须充分掌握 BIPV 技术，并因地制宜地对其进行利用。面对光伏产业广阔的发展前景和政府的政策鼓励，应保持冷静思考，深刻认识到行业目前面临的挑战，通过对 BIPV 的研究和应用，为此技术的发展做出贡献。

# 3.8 保温材料及建筑节能

## 3.8.1 保温材料

保温材料在零耗建筑设计中具有举足轻重的地位，其选择不仅直接关系到建筑的保温性能与能耗水平，更对室内环境质量及建筑的使用寿命产生深远影响。

（1）岩棉

岩棉作为一种优质保温材料，广泛应用于零耗建筑之中。它以天然岩石为原料，经过高温熔融纤维化处理，具备出色的隔热、防火与吸音性能。岩棉的纤维结构紧密，能够有效地阻止热量在建筑围护结构中的传递，从而显著降低能耗。同时，其化学稳定性与耐久性卓越，能够抵御各种恶劣环境的侵蚀，确保建筑长期保持优良的保温性能。

（2）玻璃棉

玻璃棉是一种性能优异的保温材料。它同样以天然矿物为原料，经过特殊工艺加工而成。玻璃棉的纤维结构细腻均匀，具备极佳的保温与隔热性能，能够有效提升建筑的节能效果。此外，玻璃棉还具有良好的吸音性能，有助于改善建筑的声学环境，提升居住者的舒适度。在零耗建筑中，玻璃棉常用于墙体、屋顶等部位的保温处理，为建筑提供可靠的保温屏障。

（3）聚氨酯

聚氨酯作为一种高分子合成材料，具有卓越的保温性能与耐候性能。其优异的热工性能使得建筑在寒冷季节能够保持温暖，在炎热季节则能有效隔热。聚氨酯保温材料可现场喷涂或预制成型，适用于各种复杂的建筑结构和形状。同时，其环保、无毒、无味的特点也符合现代绿色建筑的理念。

除了以上几种常见保温材料外，零耗建筑还可采用其他高性能保温材料。例如，气凝胶作为一种新型高效保温材料，具有极低的导热系数和优异的隔热性能。它能够在建筑围护结构中形成致密的保温层，有效阻断热量的传递，从而提高建筑的节能效果。尽管气凝胶的制造成本相对较高，但随着技术的不断进步和市场规模的扩大，其成本有望逐渐降低，为更多零耗建筑所采用。另外，真空绝热板亦是一种高效的保温材料。它利用真空状态下热传导极低的原理，将保温材料封装在真空袋中，形成高效的保温层。真空绝热板具有极低的导热系数和优异的隔热性能，可显著降低建筑能耗。然而，由于其制造工艺复杂、成本较高以及安装要求严格等因素，目前在零耗建筑中的应用仍较为有限。

综上所述，零耗建筑在选择保温材料时，需综合考虑材料的保温性能、防火性能、耐久性以及环保性等多方面因素。岩棉、玻璃棉、聚氨酯等常见保温材料因其优异的性能而得到广泛应用，而气凝胶、真空绝热板等高性能保温材料亦具有广阔的应用前景。随着科技的进步和环保节能意识的提高，未来必将有更多优质保温材料涌现，为零耗建筑的发展提供有力支持。

### 3.8.2　建筑节能

建筑节能的设计理念和实施策略直接决定了建筑能耗的水平和效率。

建筑节能的核心在于优化建筑设计，通过合理的布局和构造，使建筑能够更好地适应外部环境，减少能量的损失和浪费。在规划阶段，设计师应充分考虑建筑的朝向、间距、体型系数等因素，以最大限度地利用自然光和自然通风，降低对人工照明和机械通风的依赖。同时，建筑师还需关注建筑的外围护结构，通过选用高效保温材料、优化门窗设计等手段，减少热量的传递和散失，提高建筑的保温隔热性能。

建筑节能的关键在于高效利用可再生能源。在零耗建筑设计中，应充分利用太阳能、风能等可再生能源，通过安装太阳能热水系统、光伏发电系统、风力发电系统等，将可再生能源转化为建筑所需的热能、电能等，减少对化石能源的依赖。此外，建筑师还应关注能源的储存和调度问题，通过建设储能系统、智能能源管理系统等，实现对建筑能耗的精准控制和优化。

建筑节能的实现离不开先进的节能技术和设备的应用。随着科技的进步，越来越多的高效节能技术和设备被应用到建筑领域。例如，地源热泵技术利用地下恒温层的能量，实现建筑的供暖和制冷，具有高效、环保、节能等优点；LED 照明技术则以其高效、长寿命、低能耗等特点，逐渐取代传统的照明方式；智能空调系统则能够根据室内环境和人员活动情况，自动调节温度和湿度，提高室内环境的舒适度和节能效果。

建筑节能还需注重建筑运行管理的优化。建筑在运行过程中，其能耗水平往往受到多种因素的影响，如设备维护、人员行为、环境条件等。因此，建筑管理者应定期对建筑设备进行检查和维护，确保其处于良好的运行状态；同时，加强对人员的节能培训和教育，提高人员的节能意识和行为习惯；此外，还应利用智能建筑管理系统，对建筑能耗进行实时监测和分析，当发现能耗异常时，及时采取措施进行调整和优化。

建筑节能还需考虑建筑的全寿命周期影响。在设计阶段，应充分考虑建筑材料的环保性能和可再生性，选择对环境影响小的建筑材料和构件；在施工阶段，应采用绿色施工技术和方法，减少对环境的破坏和污染；在建筑运行和维护阶段，应注重建筑的可持续性和可维护性，确保建筑能够长期保持优良的节能性能。

综上所述，建筑节能是一个复杂而系统的工程，需要从多个方面进行综合考虑和实施。通过优化建筑设计、高效利用可再生能源、应用先进的节能技术和设备、优化建筑运行管理以及考虑建筑的全寿命周期影响等手段，可以有效地降低建筑的能耗水平，提高建筑的能效性能，为实现零耗建筑的目标奠定坚实的基础。同时，建筑节能也是推动建筑行业绿色发展和可持续发展的重要途径，对于建设"美丽中国"、实现绿色发展具有重要意义。

思考题

1. 零耗建筑设计中本体建筑的设计需要遵循什么原则？

2. 窗户在建筑设计中能够起到什么作用？窗户设计对能源节约的影响体现在哪些方面？

3. 如何利用新技术来减少空调系统的能耗，以提高空调系统的能源利用效率？

4. 与传统的燃煤、燃气供热系统相比，新能源供热系统在零耗建筑设计中的适用性和优劣性是什么？

5. 屋顶太阳能系统的主要技术原理和组成要素是什么？

6. 地源热泵系统在减少能源消耗、降低碳排放等方面有什么作用？如何有效地将其与其他低碳技术相配合应用？

7. 光伏发电与一般的发电方式有什么区别？它会受到什么因素的影响？

8. 保温材料在零耗建筑设计中有何重要性？建筑节能的核心是什么？

# 参考文献

[1] 冯杨晴，韦久跃，吴域民，等.基于建筑负荷敏感性的超低能耗公共建筑本体节能设计研究 [J]. 住宅与房地产，2023( 35 ):18–21.

[2] Hongyu W ,Siyu W ,Jiachun D , et al.Trace analysis using Wi–Fi probe positioning and virtual reality for commercial building complex design[J].Automation in Construction,2023：153.

[3] Jianyong S ,Zeyu P ,Liu J , et al.Research on a methodology for intelligent seismic performance evaluation and optimization design of buildings based on IFC and ontology[J]. Engineering Structures, 2023：288.

[4] 白英山 . 节能设计对建筑能耗的影响及分析 [J]. 建筑节能，2016,44( 6 ):65–68.

[5] 吴喜宣 . 大温差地区建筑外墙节能保温设计 [J]. 广东建材，2011,27( 4 ):75–76.

[6] 刘学良，杨骏，颜威，等 .高校科研楼项目空调通风系统施工技术应用研究 [J]. 中国建筑装饰装修 ,2024(4):163–165.

[7] 李丹丹 . 探讨集中供热系统的节能优化 [J]. 四川建材，2024，50( 3 ):220–222.

[8] 张琪欣、王亚楠、石光辉 . 提升集中供热系统运行稳定性方式探索 [J]. 区域供热，2024，（ 1 ):76–81，116.

[9] 张亚亚 .零能耗约束下青藏高原民居建筑主被动太阳能组合供暖优化设计研究 [D]. 西安：西安建筑科技大学，2022.

[10] 刘朋 . 太阳能系统在建筑节能中的一体化应用研究 [J]. 产业与科技论坛，2019，18（ 15 ):74–75.

[11] 吴桂义 . 住宅建筑的地源热泵系统节能设计探究 [J]. 居舍，2024( 7 ):96–99.

[12] 张强 . 光伏建筑一体化设计与实现研究 [J]. 光源与照明，2024( 2 ):115–117.

[13] 谭骏跃 .绿色建筑中光伏建筑一体化系统的设计及应用探讨 [J]. 智能建筑与智慧城市，2023( 12 ):103–105.

[14] 杨富强 . 建筑墙体节能及保温材料的应用 [J]. 居舍，2024( 10 ):66–68.

[15] Yanyi S, Robin W ,Hao L , et al.Numerical investigation of a smart window system with thermotropic parallel slat transparent insulation material for building energy conservation and daylight autonomy[J].Building and Environment,2021：203.

# 第4章 建筑节能监控系统

**本章导读**

　　本章由楼宇多能互补系统、智能楼宇能源综合监控系统、地源热泵监控系统、分布式发电及微网监控系统四个方面构成，涵盖了多个关键主题，旨在探讨如何通过先进的技术手段实现建筑节能的监控与管理。

## 4.1　楼宇多能互补系统

### 4.1.1　综合能源混合控制系统

　　综合能源混合控制系统是一种智能化的能源管理系统，集成了供热系统、供冷系统和供电系统，旨在实现能源的综合利用和优化配置。通过整合不同能源系统，综合能源混合控制系统可以实现能源的高效利用，减少能源消耗，提高能源利用效率，为建筑领域的可持续发展做出贡献。

　　（1）供热系统

　　供热系统是综合能源混合控制系统的重要组成部分之一。它通过地源热泵、太阳能热利用、集中供热等方式，为建筑提供冬季供暖服务。供热系统可以利用地热能、太阳能等清洁能源，减少对传统能源的依赖，降低能源消耗。

　　（2）供冷系统

　　供冷系统也是综合能源混合控制系统的重要组成部分之一。它通过采用空调系统、地源热泵、太阳能制冷等方式，为建筑提供夏季制冷服务。供冷系统可以利用太阳能、地热能等清洁能源，减少对化石能源的消耗，降低对环境的影响。

　　（3）供电系统

　　供电系统是综合能源混合控制系统的另一个重要组成部分。它通过采用太阳能光伏发电、风能发电、蓄电池储能等方式，为建筑提供电力供应。供电系统可以利用可再生能源，减少对化石能源的依赖，降低碳排放，实现建筑的低碳环保运行。

　　（4）控制算法

　　综合能源混合控制系统通过智能化的控制算法，实现对供热、供冷和供电系统的协调控制。系统可以根据建筑内外温度、光照强度、建筑使用情况等多种因素，自动调节供热、供冷和供电设备的运行状态，优化能源利用效率。同时，系统还可以实现能源的储存和转移，使得太阳能、地热能等可再生能源得到充分利用，从而提高能源利用效率。

综合能源混合控制系统具有节能、环保、智能化等优势，被广泛应用于各类建筑物，如住宅、商业建筑、办公楼等。通过供热、供冷和供电系统的协同控制和优化配置，综合能源混合控制系统可以有效降低能源消耗，减少对传统能源的依赖，提高建筑的能源利用效率，为实现建筑节能减排、碳中和做出重要贡献。

综合能源混合控制系统是一种集成了供热系统、供冷系统和供电系统的智能化能源管理系统，通过优化能源利用配置和协调控制，实现能源的高效利用和减排。随着清洁能源技术的发展和智能控制技术的进步，综合能源混合控制系统将在未来得到更广泛的应用和推广。

## 4.1.2　综合能源供热控制系统

综合能源供热控制系统通过集中供热、地源热泵、太阳能热利用等方式，为建筑提供冬季供暖服务。供热系统可以利用地下水、地热能、太阳能等清洁能源，减少对传统能源的依赖，降低能源消耗。供热系统中通过模糊控制以及温差控制 1、2 两种控制器相互耦合进而对系统进行控制，温差控制 1 主要负责负荷循环供能系统的控制，模糊控制在温差控制 1 的作用下对光热供暖系统进行控制，调节供暖水箱出口水温，而温差控制器 2 在温差控制器 1 的作用下调节燃气锅炉供暖系统的出口水温，在光热供暖系统供热不足状态下补足剩余供暖量，以达到建筑室温，生活水温的需求。系统整体控制框图如图 4-1 所示。

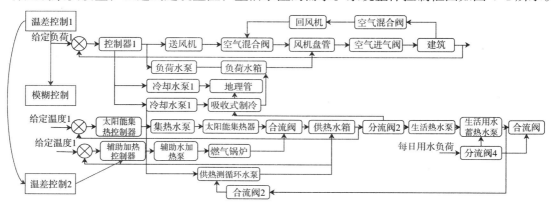

**图4-1　供暖系统整体控制框图**

在工程上的综合能源集中供暖系统中，常规采用较多的控制方法为温差控制器或者压差控制器。此类方法的优点是控制方法设计简单，方便工人进行调节；但是对于复杂非线性控制系统，此类方法模型不精准，容易造成控制能力较差，输出信号不易跟踪输入信号。因此需要更加智能的控制方法，模糊控制在解决复杂多变的非线性控制系统上具有良好的优越性，不仅能够满足运行需求，减少能源消耗，提升经济性，还能够提高系统的稳定性和抗干扰能力。

模糊控制系统最主要的构成要素有：规则库、模糊化、模糊推理以及反模糊化，在建立模糊控制器的过程中，首先要理解的是模糊建立步骤，具体步骤如下：

步骤 1：定义隶属度函数。

步骤 2：决定模糊规则。

步骤 3：模糊推理。

步骤 4：反模糊过程。

将设定值温度分为三个模糊集，分别是：温度低（SD）、温度适中（MD）、温度高（LD），取值范围为 [65,80]，采用三角形隶属函数模糊化输入变量。太阳能集热器出口温度将太阳能集热器的输出工作液的温度划分为三个模糊组：低温（NG）、中温（MG）、高温（LG），其数值在 [−5,95] 的区间内，并给出了相应的隶属函数。

在定义隶属度函数的时候，使用了三角形隶属函数来模糊化输入变量设定值，采用三角隶属函数模糊化输出变量控制信号，将控制信号划分成五个模糊集，分别是：很小（VS）、小（S）、中等（M）、大（L）、很大（VL），温差逻辑控制是综合能源系统中控制水泵启停的一种常用控制器，相较于其他控制器而言，此类控制器灵敏度高，结构简单，参数少，十分方便，具体原理如下。

当控制器的输入状态信号 $\lambda$ 为 1 时：当 $\Delta a_2 < a_2-a_1$，那么输出信号不变；若 $\Delta a_2 > a_2-a_1$，此时输出信号改变，变成 0。

当控制器的输入状态信号 $\lambda$ 为 0 时：当 $\Delta a_2 < a_2-a_1$，那么输出信号改变，变为 1；若 $\Delta a_2 > a_2-a_1$，此时输出信号不变。

当控制器的输入状态信号 $\lambda$ 为 1/0 时：当 $\Delta a_2 < a_2-a_1$，那么输出信号不变；若 $\Delta a_2 > a_2-a_1$，此时输出信号为 0。

例如，在使用温差控制器的情况下，光热供热子系统中，首先要监测储能水箱负荷侧出后温度是否为给定温度，若是则不需要进行下一步，若不是则需要先判断水泵的启停状态，若水泵状态为 off，则判断 $a_2-a_1$ 的差值是否大于给定上限 $\Delta a_2$（10℃）的值，不大于水泵状态为 off，大于水泵状态变为 on；同理若水泵状态起始为 on，则判断 $a_2-a_1$ 的差值是否大于给定下限 $\Delta a_1$（1℃）的值，不大于水泵状态为 off，大于水泵状态变 on。

### 4.1.3　综合能源供冷控制系统

随着能源问题的日益突出和环境保护意识的增强，综合能源供冷控制系统作为一种高效节能的供冷解决方案受到越来越多的关注。它通过采用空调系统、地源热泵、太阳能制冷等方式，为建筑提供夏季制冷服务。

综合能源供冷控制系统是一种集成了多种供冷方式的智能化系统，旨在通过优化能源利用，实现对建筑供冷需求最大程度的满足。该系统通常整合了空调系统、地源热泵、太阳能制冷等多种供冷技术，通过智能控制算法实现对供冷设备的协调调度和优化运行。

供冷系统通过神经网络控制以及温差控制两种控制耦合的方法来实现控制，其中温差控制主要负责对负荷循环供能系统的控制，而神经网络控制则在温差控制的作用下对吸收式制冷机供冷系统以及电制冷机供冷系统进行控制，调节负荷供冷水箱出口水温，以满足建筑供冷的负荷需求。具体供冷控制框图如图 4-2 所示。

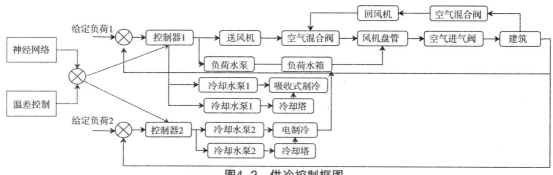

图4-2　供冷控制框图

对供冷系统而言，将神经网络控制方法引入其中，相较于供热系统，供冷系统房间内部的温度受外界气象影响较高且供冷季建筑内部散热效果较差，相关变量较多，并且选取的变量越多，结果的可靠性与准确性越好，而神经网络控制可有效解决此类问题。具体神经网络学习过程通常如下：

①初始化数据。

②选取目标的输入以及输出。

③计算神经元输入以及输出。

④计算神经元输入以及输出。

⑤计算输出层误差。

⑥计算中间层误差。

⑦修正输出层权值负和阈值。

⑧下一次的学习样本矢量被随机地选择为该网络，并回到第③步，直至完成 $m$ 个训练样本的训练为止。

⑨在 $m$ 个样本中，再一次随机选择一组输入与目标，然后回到第③步，直至网络的整体精度低于预设的最小值为止。当学习次数超过预设值时，则表示该网络无法满足训练目的而不能收敛。

为了优化控制结果并实现全年的智能控制，设计供冷系统控制器，将温差控制器控制的供冷系统 TRNSYS 仿真一年的数据用于神经网络控制的基础数据。神经网络结构利用人工神经网络的方法，通过对循环水泵的工作频率进行控制，从而达到对空调系统进行制冷的目的。在此基础上，选取了建筑供冷机的启动和关闭信号；在室外气象参数中，选取了干球温度、太阳水平辐射总量，供冷机组实际换热出口温度、储热水箱实际的换热温度、负荷数据等作为输入变量。

在确定了变量个数后，下一步就是对系统进行采样，充足的样本也是确保训练精度的重要因素，接下来是对变量进行归一化，将数据折射到一个固定区间，本文定义的区间范围为 [0, 1]。

以下为神经网络参数设置的介绍，使用的是 MATLAB 神经网络工具包，对该网络模型的训练参数进行设定，主要有：迭代次数、期望误差值、学习率等。在不同的参数配置下，网络的收敛性会有很大的差异，因此，要确保最后的迭代值可以达到最大，此处将迭代数设为 1000。正如其名所表示的，预期误差就是一个预期的错误，它在 6 次到达预期的错误数值后就会停止重复，并获得一个结果，将所需的错误设为 0.001。学习率的功能是影响每个权值的重要因素，在不引起网络过度震荡的情况下，学习率的选取应遵循最大值的原则。该系统具有运行稳定、可靠性高等优势，在建筑领域有着广泛的应用前景和发展潜力。

## 4.1.4　综合能源供电控制系统

综合能源供电控制系统是一种集成了多种能源供电方式的智能化系统，旨在通过优化能源利用，实现建筑对电力需求的最大程度满足。

综合能源供电控制系统通过整合太阳能光伏发电、风能发电、蓄电池储能等多种供电方式，利用智能控制算法实现对建筑电力供应的协调调度和优化运行。系统根据建筑电力需求、能源供应情况和环境条件等因素，自动调节各种能源供电设备的运行状态，以实现电力需求的稳定供应。

综合能源供电控制主要采用的是恒压恒频控制，其中主要目的是保证输出电压、频率的稳定。主要过程是采集实际的逆变器输出信号，并进行三二变换，得到两项静止坐标系下的电压 $U_{od}$ 和 $U_{oq}$，在同 $U_d$ 和 $U_q$ 进行作差比较，将得到的电压外环的误差信号输入 PI 控制器，从而得到电流内环控制器的参考信号 $i_{dq}$，再同采集的电感电流 $i_{Ldq}$ 进行作差比较，将得到的误差信号再输入 PI 控制。若电压和频率的误差信号不为零，则一直进行 PI 调节，直至误差信号为 0，控制器达到稳态。恒压恒频控制框图如图 4-3 所示。

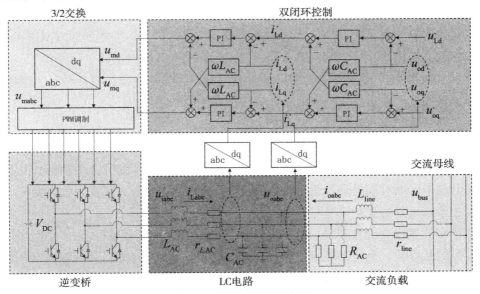

图4-3　恒压恒频控制框图

综合能源供电控制系统是一种集成了多种清洁能源供电方式的智能化系统，通过优化能源利用和减少传统能源消耗，实现了节能减排和环境保护的目标。该系统具有运行稳定、可靠性高等优势，在建筑领域有着广泛的应用前景和发展潜力。

# 4.2 智能楼宇能源综合监控系统

## 4.2.1 智能楼宇能源综合监控系统简介

智能楼宇能源综合监控系统是一种基于先进技术的集成管理系统，旨在提高建筑物能源利用效率、降低能源消耗、减少运营成本，并确保建筑物运行的安全性和舒适性。该系统通过实时监测、数据分析和智能控制，为建筑物管理者提供全面的能源管理和运营决策支持。

智能楼宇能源综合监控系统包括传感器网络、数据采集和传输系统、数据处理与分析平台、智能控制系统等几个主要组成部分。传感器网络负责实时监测建筑物各个部位的能耗和环境参数，数据采集和传输系统将传感器采集到的数据传输至数据处理与分析平台，后者利用大数据和人工智能技术对数据进行处理、分析和挖掘，从而实现对能源使用情况的实时监测、预测和优化。智能控制系统则根据数据分析的结果实现对建筑设备的智能控制和调节，以实现能源消耗的最优化。

（1）关键技术

传感器技术：采用各类传感器实现对建筑物内外环境参数的实时监测，包括温湿度、光照、空气质量、能耗等方面的监测。

数据采集与传输技术：利用物联网技术建立传感器网络，实现数据的实时采集和传输，确保数据的及时性和准确性。

数据处理与分析技术：利用大数据和人工智能技术对传感器采集到的数据进行处理和分析，挖掘数据中的潜在规律和信息，为建筑能源管理提供决策支持。

智能控制技术：基于数据分析的结果，实现对建筑设备的智能控制和调节，包括空调、照明、通风等系统的控制优化，以降低能耗、提高能源利用效率。

（2）应用场景

智能楼宇能源综合监控系统广泛应用于各类建筑物，包括商业办公楼、酒店、医院、工厂等。通过实时监测和智能控制，有效降低了建筑物的能源消耗，提高了能源利用效率，降低了运营成本，同时也提升了建筑物的舒适性和安全性。

（3）技术挑战与发展趋势

虽然楼宇能源综合监控系统已经取得了显著的成效，但仍面临一些技术挑战。例如，数据安全和隐私保护、系统的稳定性和可靠性、智能控制算法的优化等方面需要不断改进和完善。未来，随着物联网、大数据和人工智能技术的不断发展，楼宇能源综合监控系统将更加智能化、自动化，为建筑能源管理提供更加全面和有效的解决方案。

## 4.2.2　智能楼宇本体建模

智能楼宇作为区域综合能源系统侧的核心用能主体，对其用能特性进行建模分析具有重要意义。本节将首先对楼宇建筑围护结构的热动态特性进行建模；然后基于该热动态模型，构建虚拟储能系统（Virtual Energy Storage System）模型，VESS 模型可以根据智能楼宇能量管理的需求，进行合理的充放电，辅助智能楼宇降低运行成本。

楼宇建筑围护结构作为隔断室内外的直接热交换和维护室内湿热环境的关键因素，对楼宇建筑的暖通空调系统（Heating,Ventilation and Air Conditioning）的能耗、楼宇散热及储热有着非常重要的影响。当室内温度和室外温度发生变化时，围护结构材料内部的温度也会伴随着吸收或放出热量而缓慢变化。由于围护结构材料存在蓄热特性，导致围护结构在传递热量时存在一定的时间延迟，进而影响室内空气温度的变化。因此，可以看出楼宇建筑围护结构具有热动态特性，本节在夏季制冷场景下对该热动态特性进行建模，冬季制热情景的处理过程类似，所以不再赘述。楼宇围护结构可视为室外空气与室内热源进行热交换的单元，交换过程中的热平衡示意图如图 4-4 所示。

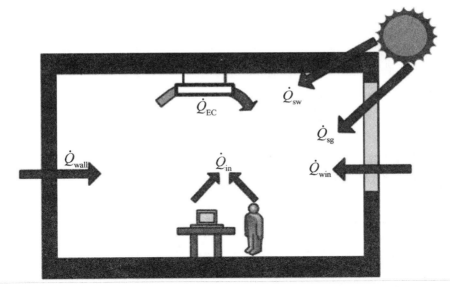

图4-4　楼宇建筑热平衡示意图

基于楼宇热平衡方程可得到楼宇室内温度、制冷需求以及室外温度的定量数学关系，如式（4-1）所示：

$$\rho \times C \times V \times \frac{\mathrm{d}T_{\mathrm{in}}}{\mathrm{d}t} = \dot{Q}_{\mathrm{wall}} + \dot{Q}_{\mathrm{win}} + \dot{Q}_{\mathrm{in}} + \dot{Q}_{\mathrm{sw}} + \dot{Q}_{\mathrm{sg}} + \dot{Q}_{\mathrm{wall}} - \dot{Q}_{\mathrm{EC}} \qquad （4-1）$$

式中：

$\rho$——空气密度（kg/m³）；

$C$——空气比热容，J/(kg·℃)；

$V$——室内空气容量（m³）；

$T_{\text{in}}$——室内温度（℃）；

$\dot{Q}_{\text{wall}}$——建筑外墙与室外传递的热量（kW），为所有外墙传递热量之和。

$Q_{\text{wall}}$ 的计算如式（4-2）所示：

$$\dot{Q}_{\text{wall}} = \sum_{j \in J} U_{\text{wall}} \times F_{\text{wall},j} \times (T_{\text{out}} - T_{\text{in}}) \qquad (4\text{-}2)$$

式中：

$j$——第 $j$ 面外墙；

$J$——外墙总面数；

$U_{\text{wall}}$——外墙的传热系数，表示单位时间内通过单位面积的外墙传递的热量与室内外温差的比值；

$F_{\text{wall},j}$——第 $j$ 面外墙的面积；

$T_{\text{out}}$——室外温度；

$T_{\text{in}}$——室内温度。

$\dot{Q}_{\text{win}}$ 为建筑外窗与室外传递的热量（kW），其计算如式（4-3）所示：

$$\dot{Q}_{\text{win}} = \sum_{j \in J} U_{\text{win}} \times F_{\text{win},j} \times (T_{\text{out}} - T_{\text{in}}) \qquad (4\text{-}3)$$

式中：

$j$——第 $j$ 面窗户；

$J$——窗户总面数；

$U_{\text{win}}$——窗户的传热系数；

$F_{\text{win},j}$——第 $j$ 面窗户的面积；

$T_{\text{out}}$——室外温度；

$T_{\text{in}}$——室内温度。

$\dot{Q}_{\text{in}}$ 为室内热量 (kW)，可通过预测或者量测得到。

$\dot{Q}_{\text{sw}}$ 为太阳热辐射通过外墙传递的热量（kW），根据 ISO 13790 的规定，其值为太阳辐射通过所有外墙传递热量之和，其计算如式（4-4）所示：

$$\dot{Q}_{\text{sw}} = \sum_{j \in J} \alpha_{\text{w}} \times R_{\text{se},j} \times U_{\text{wall}} \times F_{\text{win},j} \times I_{\text{T},j} \qquad (4\text{-}4)$$

式中：

$j$——第 $j$ 面外墙；

$J$——外墙总面数；

$\alpha_{\text{w}}$——外墙的对流换热系数；

$R_{\text{se},j}$——第 $j$ 面外墙的热阻；

$F_{\text{win},j}$——第 $j$ 面外墙的面积；

$I_{\text{T},j}$——第 $j$ 面外墙的太阳辐射强度。

$\dot{Q}_{\text{sg}}$ 为太阳辐射通过外窗传递的热量（kW）：

$$\dot{Q}_{\text{sg}} = \sum_{j \in J} \tau_{\text{win}} \times SC \times F_{\text{win},j} \times I_{\text{T},j} \qquad (4\text{-}5)$$

式中：

$j$——第 $j$ 面窗户；

$J$——窗户总面数；

$\tau_{\mathrm{win}}$——窗户的太阳辐射透射率；

$SC$——太阳辐射系数；

$F_{\mathrm{win},j}$——第 $j$ 面窗户的面积；

$I_{\mathrm{T},j}$——第 $j$ 面外墙的太阳辐射强度。

$\dot{Q}_{\mathrm{EC}}$ 为制冷设备的制冷功率（kW）。

基于对楼宇热动态特性的分析，构建 VESS 模型。由于建筑围护结构的蓄热特性，室内制冷功率发生变化时，室内温度不会立刻发生变化。根据这一特性，可在室内温度舒适度范围内对室内的制冷功率进行一定量的调整。为此，在电价较低时可以增加制冷量（即制冷机提前开启或者增加其电功率），将多余的冷能存储在楼宇内部；在这种情况下，从智能楼宇供用能系统角度来看，VESS 由于增加了用电，相当于外部电网向 VESS 充电。反之，在电价较高时可以减少制冷量（即制冷机提前关闭或者减少其电功率），而利用提前存储的冷能；在这种情况下，VESS 由于减少了用电，相当于 VESS 向外部电网放电。从而根据楼宇在考虑对室内温度做调节和不考虑对室内温度做调节两种情况下分别对应的制冷需求差，可定义 VESS 的充放电功率，如式（4-6）所示。

$$\dot{Q}_{\mathrm{VESS},t} = \dot{Q}_{\mathrm{cl,building},t} - \dot{Q}_{\mathrm{cl,building},t} \tag{4-6}$$

式中：

$\dot{Q}_{\mathrm{VESS},t}$——VESS 在调度时刻 $t$ 的充放电功率，放电为正值，充电为负值；

$\dot{Q}_{\mathrm{cl,building},t}$——在调度时刻 $t$ 不考虑 VESS 参与调度的制冷需求；

$\dot{Q}_{\mathrm{cl,building},t}$——在调度时刻 $t$ 考虑 VESS 参与调度的冷负荷需求。

VESS 充放电过程示意图如图 4-5 所示，首先基于楼宇热动态特性，将楼宇围护结构视为室外空气与室内热源进行热交换的单元，并构建其热平衡关系式；其次根据热平衡关系式可得到电制冷设备的制冷功率与室内温度及室外环境的数学关系；再次，分别计算得到室内温度升高和降低两种场景下对应的制冷功率，二者的差值即为 VESS 的充放电功率；最后，在用户温度舒适度范围内对楼宇室温进行调节时，得到楼宇的制冷需求和 VESS 的充放电功率的关系，进而对 VESS 充放电功率进行优化管理，使其参与到智能楼宇的优化调度中。

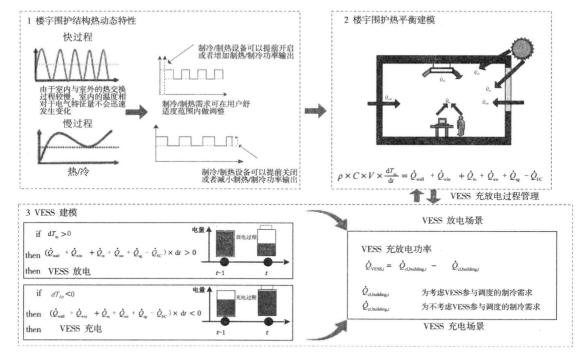

图4-5　VESS充放电过程示意图

### 4.2.3　智能楼宇能源综合监控控制策略

随着城市化进程的加速和能源消耗的增加，楼宇能源消耗成为城市能源管理的重要组成部分。智能楼宇能源综合监控控制策略作为提高楼宇能源利用效率、减少能源浪费的关键手段，受到越来越多建筑业主和管理者的重视。本节将介绍智能楼宇能源综合监控控制策略的定义、原理、关键技术以及应用案例。

智能楼宇能源综合监控控制策略是指利用先进的传感器、数据采集、数据分析和控制技术，对楼宇内部的能源消耗和环境参数进行实时监测、分析和控制，以实现对楼宇能源系统的智能化管理和优化调控。

智能楼宇能源综合监控控制策略的原理主要包括以下几个方面：

实时监测：利用传感器和数据采集设备，对楼宇内部的能源消耗、环境温度、湿度等参数进行实时监测和采集。

数据分析：对采集到的实时数据进行分析和处理，利用数据挖掘和机器学习算法，识别能源消耗的规律性和特征，发现能源浪费的原因和潜在问题。

智能控制：基于数据分析结果，对楼宇内部的能源设备进行智能控制和优化调度，实现能源消耗的动态调整和节约管理。

智能楼宇能源综合监控控制策略涉及的关键技术包括：

传感器技术：包括温度传感器、湿度传感器、光照传感器等，用于实时监测楼宇内部的环境参数。

　　数据采集与通信技术：包括数据采集设备、数据传输网络等，用于对传感器采集到的数据进行实时传输和存储。

　　数据分析与人工智能技术：包括数据挖掘、机器学习、深度学习等，用于对大量数据进行分析和处理，发现数据之间的关联性和规律性。

　　智能控制系统：包括建立楼宇能源模型、制定优化调度策略等，用于实现对楼宇能源系统的智能化管理和控制。

　　智能楼宇能源综合监控控制策略作为提高楼宇能源利用效率、减少能源浪费的重要手段，具有广泛的应用前景和发展空间。通过实时监测、数据分析和智能控制等技术手段，可以实现对楼宇能源系统的智能化管理和优化调控，为建筑业主和管理者提供高效、舒适、环保的楼宇能源解决方案。

# 4.3　地源热泵监控系统

　　暖通空调系统是地源热泵系统的形式之一，只有在掌握暖通空调领域的自动控制特点和原则的基础上，才能制定出正确的地源热泵机房监控系统的控制策略。同时由于传统冷站的自动监控系统已经发展得比较成熟，认真分析传统冷站的自动监控系统，对研发出地源热泵机房监控系统也具有十分重要的意义。

## 4.3.1　暖通空调领域自动控制的特点和原则

### 4.3.1.1　暖通空调领域自动控制特点

　　暖通空调系统是为了使工艺介质的温度、湿度等一系列参数指标达到一定要求的机器或设备。它包括两大部分：一是完成冷媒循环的制冷、制热工艺系统，满足用户对温度和湿度的要求；二是实现装置安全稳定运行的自动控制系统。充分认识到暖通空调系统（本文为地源热泵系统）自动控制系统的特点，是自动实现制冷、制热等工艺系统热工参数调节和控制，以及系统正常工作的保证。暖通空调的自动控制系统具有以下特点：

　　（1）干扰多

　　空调系统的干扰分为外扰和内扰，外扰主要是送风及围护结构传热的扰动。内扰就是指房间内电器、照明散热、工艺设备启停以及室内外物品流动等变化对室内温、湿度产生的影响。例如：各个风机盘管的开启和关闭并没有特定的规律，这就导致了水系统变化不规则。

　　（2）空调系统本身很重要

　　制冷空调系统自动控制的主要任务是维持空调房间一定的温度、湿度，控制效果很大程度上取决于空调系统本身，而不是自控部分。所以，了解空调对象的特性，是很关键的一个方面。

（3）应该具有工况转换功能

空调系统是按照工况来运行的，在以往主要分为：夏季工况和冬季工况。由于能源的紧张和人们节能意识的增强，空调系统也都应该具有过渡季节的工况设置。所以在自动控制系统中也必须考虑到有工况转换控制。

### 4.3.1.2 暖通空调领域设置自动控制与监测系统的原则

①满足暖通空调系统的使用要求，保证设计标准下的温度、湿度及人体舒适性指标。

②节省能源，达到合理的经济技术性能。

③保证控制设备及受控设备的正常安全运行，保证人员安全和减少操作人员的劳动强度，节省人力，使运行管理方便准确，维护简单。

④自动控制设备应做到手动与自动相结合，就地控制与远程控制相结合，且当使用就地控制时，远程控制不能实施。

## 4.3.2 传统冷站的监控策略

传统冷站的自动监控系统已经形成一套完整、全面、可靠的监控策略。被控的设备有：冷水机组、冷冻水泵、冷却水泵、冷却塔、膨胀水箱。对于传统冷站的监控策略为：

（1）负荷需求计算

根据冷冻水的供、回水温度和供水流量的测量值，自动计算建筑空调实际所需要的冷负荷量。

（2）机组台数控制

根据建筑所需冷负荷及压差旁通阀开度，自动调整冷水机组运行台数，达到最佳的节能目的。

（3）机组连锁控制

启动顺序：开启冷却塔蝶阀，开启冷却水蝶阀，开冷水机组；

停止顺序：停冷水机组，关一次冷冻泵，关冷冻水蝶阀，关冷却水泵，关冷却水蝶阀，关冷却塔风机、蝶阀。

（4）冷冻水压差控制

当空调水系统末端设备采用电动两通阀控制时，应在供、回水总管间设置压差控制。根据一次冷冻水供、回水压差，自动调节二通阀，维持供水压差恒定。

（5）冷却水温度控制

根据冷却水温度自动控制冷却塔风机的启停台数，如果冷却水温度过低，打开冷却水旁通阀，使冷却水不经过冷却塔冷却。

（6）水泵保护控制

水泵启动后，水流开关检测水流状态，如故障则自动使水泵停机；运行时如发生故障，备用泵自动投入运行。

（7）机组定时启停控制

根据事先排定的工作节假日作息时间表，定时启停机组，自动统计机组各水泵的累计工作时间，提示定时维修。

（8）机组运行参数监测

监测系统各检测点的温度、压差、流量等参数，自动显示、定时打印及故障报警。

（9）水箱补水控制

自动控制进水电磁阀的开启与闭合，使膨胀水箱水位维持在允许范围内，水位超限进行故障报警。

### 4.3.3 本土壤源热泵机房监控系统的控制策略

地源热泵机房的监控系统可以参考传统冷站的自动监控方式，但是地源热泵系统本身也具有其特点。根据地源热泵系统的运行特点和监控要求，设计出地源热泵系统机房的监控策略。

#### 4.3.3.1 工况转换功能控制策略

相比于传统制冷形式，地源热泵系统最主要的特点就是可以通过截止阀的开启和关闭实现管路功能的转换，从而实现工况切换的功能，为建筑物供冷或供暖。该地源热泵系统全年分为三个运行工况，分别为夏季的制冷工况、冬季的制热工况和过渡季的过渡工况。过渡工况为冷冻水不经过地源热泵机组，而送入地埋管中换热。由于土壤的温度基本上是恒定的，所以只需要采集冷冻水的回水温度，通过此温度和冷却水的回水温度做比较即可判断出切换的时间。为了在最大限度满足人员舒适性的要求的基础上，节约能源，切换温度的确定，需要通过大量数据的积累，从而找出既可以最大限度满足人员的要求，又可以降低切换频率的切换时机。

#### 4.3.3.2 机组台数控制

由于本工程实际情况的限制，该地源热泵系统只配备有一台热泵机组，无法涉及机组台数控制，但是如针对多台热泵机组并联的情况，机组台数控制策略也应与传统冷站的机组台数控制策略相同。根据建筑所需冷负荷及压差旁通阀开度，自动调整热泵机组运行台数，达到最佳的节能目的。

#### 4.3.3.3 机组连锁控制

该地源热泵系统的机组连锁控制策略应和传统冷站的机组连锁控制策略基本相同。但是由于地源热泵系统没有冷却塔，冷却水的冷却是依靠地埋管与土壤换热实现的，所以冷却塔蝶阀应改为地埋管管路蝶阀，冷冻水蝶阀应改为冷冻水分、集水器总管路上的蝶阀。另外一点，冬、夏工况的不同导致冷冻水蝶阀的位置会有所不同，应予以注意。所以结合传统冷站机组连锁控制策略，地源热泵机房监控系统的机组连锁控制策略应该为：

启动顺序：冷却水分、开启集水器地埋管管路蝶阀，冷却水分、开启集水器总管路上的蝶阀，开启热泵机组；

停止顺序：停热泵机组，关一次冷冻泵，关冷冻水蝶阀，关冷却水泵，关冷却水分、集水器总管路上的蝶阀，关冷却水分、集水器地埋管管路蝶阀。

#### 4.3.3.4　水泵保护控制

地源热泵机房监控系统的水泵保护控制策略应和传统冷站的水泵保护控制策略相同。在本地源热泵机房监控系统中，并没有关于水泵保护控制的系统设置，水泵保护控制由水泵厂家安装并设置。

#### 4.3.3.5　机组定时启停控制

该热泵机组的定时启停控制，应在热泵机组控制系统上设置。本地源热泵机房控制系统，并不涉及热泵机组的控制。

#### 4.3.3.6　水箱补水控制

和传统冷站相比，地源热泵系统的换热是通过地埋管与土壤进行显热换热，和传统制冷形式冷却塔换热的潜热换热结合显热换热的换热形式不同，所以冷却水和冷冻水的水量损失都是很小的。从技术经济的角度考虑，没有必要设置水箱补水控制系统，通过工作人员的定期监测控制即可。

#### 4.3.3.7　用户侧负荷需求控制

根据冷冻水的供、回水温度和冷冻水的供水流量，本地源热泵机房监控系统根据下式自动计算出建筑空调实际所消耗的负荷。

$$Q_n = \frac{C_p \left| T_{dg} - T_{dh} \right| H_d \rho}{3600}$$

式中：

$Q_n$——建筑物热负荷（W）；

$C_p$——水的定压比热（J/kg·K）；

$T_{dh}$——冷冻水供水温度（℃）；

$T_{dg}$——冷冻水回水温度（℃）；

$H_d$——冷冻水流量（m$^3$/h）；

$\rho$——水的密度（kg/m$^3$）。

#### 4.3.3.8　冷冻水分、集水器旁通阀间压差控制

地源热泵系统和传统制冷方式相比只是冷量的来源不同，而末端系统和传统冷源并没有区别，由于本空调水系统的末端采用的是风机盘管，所以冷冻水分、集水器旁通阀间的压差控制是必须的。

压差旁通装置由压差控制器和电动调节阀两部分组成，安装在冷冻水分、集水器之间或者冷冻水供、回水主管之间的旁通管路上。压差控制器通过检测供回水主管之间的压差值并将之与设定值相比较来控制旁通管路上的电动调节阀的开度，这样可以使系统供、回水压差维持稳定，从而保证系统的稳定运行。当供、回水压差处于设计情况时，压差控制器停止动作；当负荷减少，末端设备的电磁阀随之关小或者关闭，压差增加，达到设定值时，压差控制器动作，使旁通阀逐渐打开，部分冷冻水从旁通管路返回冷水机组，使冷水机组进水温度降低。冷水机组可以通过其进水管的感温探头来感应进水温度，实现单机能

量的自动调节。

在传统冷站监控系统中，采用压差控制时，旁通管的管径应与一台冷水机组的流量相对应，以便于调节冷水机组的运行台数。通常按一台冷水机组流量的 1.1 倍来选择旁通管的管径，同时应选择具有陡降特性曲线的水泵。而在地源热泵工程中，由于只有一台地源热泵，所以应该按照该台热泵机组流量的 1.1 倍来选择旁通管的管径。

#### 4.3.3.9　冷却水分、集水器间旁通阀的开度控制

与传统冷站自动监控系统相比，冷却水分、集水器间旁通阀的开度控制是地源热泵系统所独有的特性。通过对冷却水分、集水器间旁通阀的开度进行控制，可以控制地源热泵地埋管中的水量，从而控制换热量。

具体的控制原理和控制策略为：

在冬季运行工况下，采集的温度为冷冻水回水温度。当温度降低并低于设定值时，说明室内热负荷增大，应当关小旁通阀，减小旁通流量，增大冷却水的换热量；当温度升高并大于设定值时，说明室内热负荷减小，应当开大旁通阀，增加旁通流量，减小冷却水的换热量。

在夏季工况下，此采集的温度为冷却水的回水温度。当温度降低时，说明地源侧的换热量大于室内的冷负荷，应当开大旁通阀，增大旁通流量，从而减小地源侧的换热量；当温度升高时，说明冷却水的换热量小于室内所需的冷负荷，应当关小旁通阀开度，减小旁通流量，从而增大冷却水的换热量。

过渡季时，过渡季管路将此温度传感器隔离。旁通阀开度保持一定。

### 4.3.4　地源热泵机房监控系统的设计要求

为了实现对地源热泵机房系统的控制，地源热泵机房监控系统的下位机控制器和上位机系统须达到一定的设计要求。

#### 4.3.4.1　下位机控制器要达到的要求

（1）模拟信号的采集功能

考虑到中央控制室人员要实时查看供、回水温度、流量，所以需要采集 8 个模拟信号，分别为：冷冻水供、回水温度；冷冻水供水流量；冷冻水分、集水器间压差；冷却水供、回水温度；冷却水供水流量，热泵机组冷凝器入口温度。

（2）冷冻水分、集水器间旁通阀的开度控制功能

根据采集上来的冷冻水分、集水器间压差，运用 PID 控制算法，对阀门的开度进行控制。

（3）冷却水分、集水器间旁通阀的开度控制功能

根据采集上来的热泵机组冷凝器入口温度，运用 PID 控制算法，对冷却水分、集水器旁通管路上的阀门开度进行控制。

（4）人机接口功能

人机接口包括显示屏和键盘，是控制系统中不可缺少的部分。为了工作人员能及时查

看各个数据，对控制参数进行设定，要求在下位机中显示系统的开关状态；显示各个检测点的数值；显示控制器 PID 参数的设定值；显示下位机控制器输出信号的数值。同时，人员能够通过显示屏和键盘对设定值和控制参数进行修改。

#### 4.3.4.2　上位机控制系统要达到的要求

（1）上位机显示设定功能

由下位机接受的信号，要通过通信实现和上位机的联动，在上位机相关界面显示出来，同时工作人员能通过上位机对控制参数进行修改设定。

（2）数据保存功能

上位机系统应当具有数据保存功能。在上位机系统软件的编写中，应用数据库技术可以保存地源热泵机房系统内监测点的实时数据，这样做方便日后检查、分析，为日后优化系统、分析问题、解决运行中出现的问题提供帮助。

#### 4.3.4.3　通信系统要达到的要求

具有数据通信功能，能把下位机采集到的输入的数据、输出的控制量、控制参数通过 RS—485 串行通信接口，传到位于中央控制室的 PC 机中的通信板，再由通讯板通过 RS—232 串行通讯接口，传至 PC 机中，由 PC 机负责数据的存储以及进一步地数据分析、处理。

# 4.4　分布式发电及微网监控系统

## 4.4.1　分布式发电系统及建模

### 4.4.1.1　分布式发电系统介绍

分布式发电系统（Distributed Generation, DG）是指在电力系统中分布布置的小型发电设备，如太阳能光伏、风力发电、微型燃气轮机等。分布式发电系统建模是指对这些分布式发电设备进行数学建模，以模拟其运行行为和电力输出。

分布式发电系统通常由以下几个组成部分构成：

发电设备：包括太阳能光伏板、风力发电机、微型燃气轮机等，用于将自然能源转化为电能。

电力转换装置：用于将发电设备产生的直流电转换为交流电，以便与电网连接或供电给建筑物内部的负载。

控制系统：控制分布式发电系统的运行状态和电力输出，保证系统的稳定性和可靠性。

连接设备：用于将分布式发电系统与电网或建筑物内部的电气系统连接，实现电力输送和供电功能。

分布式发电系统作为一种灵活、高效、环保的电力供应方式，具有广阔的应用前景和发展空间。随着技术的进步和政策的支持，分布式发电系统将在未来发挥越来越重要的作用，为能源转型和可持续发展做出积极贡献。

#### 4.4.1.2　分布式发电系统建模

分布式发电系统建模的基本原理是根据发电设备的物理特性和运行机理，建立数学模型描述其与电力系统之间的相互作用。这些数学模型通常基于电气、机械、热力学等相关原理，包括发电设备的电压、电流、功率输出等参数。

分布式发电系统建模的方法包括：

静态建模：静态建模是指对分布式发电系统进行稳态运行条件下的建模分析。常用的方法包括等效电路模型、功率—电压曲线等，通过建立发电设备的电压、电流与功率之间的关系，分析其在不同工作点下的电力输出。

动态建模：动态建模是指对分布式发电系统进行动态响应分析，考虑其在瞬时变化、负载波动等情况下的动态特性。常用的方法包括状态空间模型、传递函数模型等，通过描述发电设备的动态响应特性，模拟其对电网频率、电压等参数的影响。

仿真模拟：仿真模拟是指利用计算机软件对分布式发电系统进行模拟运行，以评估其在不同工况下的性能表现。常用的仿真软件包括 MATLAB/Simulink、PSS/E 等，通过建立发电设备的数学模型和电力系统的网络模型，模拟系统的运行行为和电力输出。

分布式发电系统建模可用于电力系统规划和运行优化，评估其对系统稳定性、可靠性和经济性的影响，为电力系统的规划和调度提供参考依据。还可用于发电设备的设计和控制，优化发电设备的工作参数和运行策略，提高其效率和性能。

## 4.4.2　微网监控系统及建模

微电网智能监控系统是保证微电网安全稳定运行的关键，其核心服务必须要保证长期稳定运行，还要有错误恢复、数据备份的功能，以及应对突发状况的能力。在正常运行中，稳定性作为第一要素，是在设计本系统时需要重点考量的。其次，还需要在保证稳定的情况下，尽量提高系统的整体性能。通过不断地优化，逐渐提高系统各模块的处理效率，以缩短处理时间，提升用户使用体验。

#### 4.4.2.1　微网监控系统介绍

随着能源技术的发展和智能电网的建设，微网作为一种新型的能源系统在能源领域中扮演着越来越重要的角色。微网监控系统作为微网管理和运行的关键组成部分，对微网的稳定运行和智能化管理起着至关重要的作用。

微网监控系统是指对微网中各个组件和设备进行实时监测、数据采集、状态诊断和故障预测的系统，旨在保障微网的安全稳定运行、提高其能源利用效率，以及实现对微网的智能化管理和控制。

#### 4.4.2.2　微网监控系统主要功能

实时监测：对微网中各个关键设备和组件的电压、电流、频率、功率等参数进行实时监测和采集。

数据分析：对采集到的实时数据进行分析和处理，识别微网中可能存在的问题和隐患，及时发现异常情况。

状态诊断：基于数据分析结果，对微网系统的运行状态进行诊断和评估，判断系统是否正常运行或存在异常。

故障预测：基于历史数据和模型预测算法，对微网可能出现的故障进行预测和预警，提前采取措施避免事故发生。

智能控制：根据状态诊断和故障预测结果，调整微网中各个设备和组件的运行参数，实现对微网的智能化管理和控制。

### 4.4.2.3 微网监控系统几个关键组成部分

数据采集单元：负责实时采集微网中各个设备和组件的运行数据，包括传感器、数据采集器等。

数据传输通信模块：将采集到的实时数据传输至监控中心或云平台，通常采用无线通信技术或有线网络传输。

数据处理和分析模块：对传输过来的数据进行处理和分析，运用数据挖掘和机器学习算法进行状态诊断和故障预测。

用户界面：提供用户友好的界面，显示微网运行状态、数据分析结果和故障预警信息，支持用户对微网进行监控和控制。

### 4.4.2.4 微网监控系统建模

微网监控系统的建模是对微网系统进行数学描述和仿真，旨在实现对微网运行状态的监测、诊断和控制。微网监控系统的建模基于微网中各个组件（如电池、逆变器、发电机等）的物理特性和运行机理，以及微网与外部环境之间的相互作用。通过建立数学模型，描述微网中各个组件的动态行为和电力传输过程，实现对微网运行状态的模拟和预测。

微网监控系统的建模方法主要包括以下几种：

物理建模：基于微网中各个组件的物理特性和运行原理，建立微网系统的数学模型。这种建模方法通常涉及电路理论、控制理论、热力学等方面的知识，通过建立微分方程、状态方程等来描述微网系统的动态行为。

数据驱动建模：利用历史数据和机器学习算法，建立微网系统的数据模型。这种建模方法通过对大量实测数据进行分析和处理，提取出微网系统的规律性和特征，以实现对微网运行状态的预测和分析。

仿真建模：利用仿真软件对微网系统进行建模和仿真。这种建模方法通过建立微网系统的数学模型，并结合电力系统仿真软件（如 MATLAB/Simulink、PSIM 等），模拟微网系统在不同工况下的运行行为和电力传输过程，评估微网系统的性能和稳定性。

微网监控系统的建模步骤通常包括：

系统分析：对微网系统进行整体分析，确定系统的组成部分和功能需求。

模型建立：根据系统分析结果，选择合适的建模方法，建立微网系统的数学模型。

参数估计：根据实测数据和理论分析，估计模型中的参数值，确保模型的准确性和可靠性。

模型验证：对建立的数学模型进行仿真和验证，与实际微网系统的运行数据进行比较，检验模型的有效性和适用性。

应用调优：根据模型验证结果，对模型进行调优和优化，提高模型的仿真精度和预测能力。

微网监控系统建模在微网系统设计、运行管理和智能控制方面具有重要应用价值。未来随着微网技术的发展和智能化程度的提高，微网监控系统的建模方法和技术将不断完善和创新，为微网系统的安全稳定运行和智能化管理提供更加有效的支持。

### 4.4.3  分布式发电及微网监控系统设计

#### 4.4.3.1  系统总体框架

为了保证系统的长期稳定运行，将 Java 语言作为服务器的基本开发语言，采用 Spring 框架作为服务容器和底层框架。系统采用了分布式的开发理念，将系统内的关键模块分为单独的微服务，且系统中每一个服务都可以弹性扩展。其一，可以保证主备服务器进行热切换，当一台服务器无响应时有其他服务器可提供相同的服务，为系统提供了不下线维护的能力。另外，对于突发状况提供了多层保险，基本可以保证系统的不间断运行。其二，提供了负载均衡的特性，将大量请求在短时间内分发给多个服务器，缩短了每个服务的响应时间，降低了服务器的系统负载，变相提高了系统的整体性能。系统网络拓扑结构如图 4-6 所示：

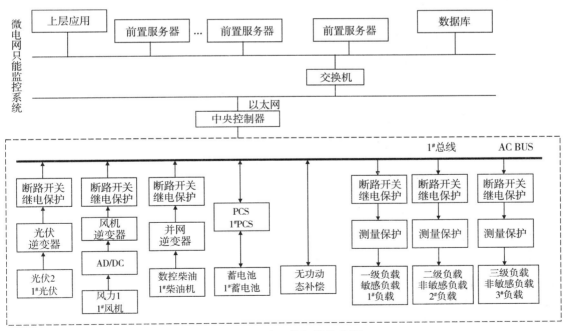

图4-6  系统网络拓扑结构图

如上所述，系统采用了 Spring 框架作为底层框架，统一管理系统内的服务实例，使其生命周期可控，并可以使用依赖注入功能，节约开发时间，提高开发效率。系统微服务框架采用了 Dubbo 框架，Dubbo 提供了多种便利方式来实现系统模块间的 RPC 调用。Dubbo 和 Spring 框架深度整合，具有性能高、稳定性高，使用方便的特性，非常适合用作微服务的基础框架。Dubbo 可以灵活采用 Netty、Grizzly、RMI 等方式作为通信手段，可按照平台和语言动态选择发布的协议，为微服务提供了跨平台跨语言的远程调用支持。

系统采用了 Jersey 框架作为 http 框架对外发布数据，Grizzly 作为其载体提供 HTTP 服务器功能。Jersey 是 JAX–RS 的实现，可以方便地开发 RESTful 风格的 API 接口。RESTful 风格具有简单、所见即所得等优点，正逐渐替代传统的 RPC 实现方式。

在前置服务器中，我们需要与设备通信，发送基于 MODBUS 协议的数据帧，这种数据帧以二进制流作为数据载体，通过 Socket 进行网络通信，因此，采用了 Netty 框架与设备进行网络通信。Netty 作为 NIO 框架，对 Java 本身的 NIO 与 Socket 做了二次封装，提供了事件驱动的功能，让网络开发更为简单。另外其还具有 NIO 所提供的异步的功能，能够降低进程阻塞时的系统资源消耗，提升系统整体性能。

### 4.4.3.2　通信协议设计

前置服务器与底层设备的数据交换采用了 MODBUS 通信协议。网络通信基于 TCP 协议，需要设备提前写入前置服务器的网络地址，主动与前置服务器建立连接。前置服务器收到设备的连接请求后，通过打开的长连接进行数据交换。该 MODBUS 数据帧格式如图 4–7 所示，其中，数据帧各功能码的含义参见表 4–1。

| 起始位 | 地址域 | 长度 | 功能码 | 数据库 | 校验码 | 结束位 |
|---|---|---|---|---|---|---|
| AH 16H<br>2字节 | A<br>4字节 | L<br>1字节 | AFN<br>1字节 | DATA<br>L字节 | CRC<br>2字节 | ODH OAH<br>2字节 |

图4-7　MODBUS数据帧格式

表4-1　帧格式中功能码定义

| 功能码 | 数据域 | 具体含义 |
|---|---|---|
| 0x00 | 当前时间信息 | 向控制器下发校时指令 |
| 0x01 | 设备使用授权 | 向控制器下发设备使用授权指令 |
| 0x02 | 设备开关状态 | 向控制器下发设备开关控制指令 |
| 0x03 | 系统充放电控制 | 向控制器下发系统充放电控制指令 |
| 0x05 | 设备采集数据 | 中央控制器上传设备采集信息 |
| 0x07 | 系统故障信息 | 中央控制器上传系统故障信息 |
| 0x0A | 请求使用设备 | 中央控制器请求使用某设备 |
| 0x0B | 系统充放电状态信息 | 中央控制器上传系统充放电状态 |

### 4.4.3.3　数据库设计

为了给微网监控系统提供有效的实时数据，需要对微网监控系统涉及的所有数据进行集中统一管理，因此对数据库进行合理的选择是至关重要的。目前，常用的数据库有Oracle、MySQL、SQLServer 等。由于 MySQL 是一种开源的、体积小、速度快的关系型数据库，因此选择 MySQL 数据库来存储监控系统的相关数据。

本系统中，根据数据结构建立了用户信息表用于存储用户姓名、登录密码信息；设备信息表对设备的基本信息如设备生产厂家、联系电话、安装日期等进行存储；设备量测信息表是对每个设备采集到的量测信息进行记录；风机信息表、光伏信息表、柴油机信息表、PCS 信息表、负载信息表、母线信息表分别对风机、光伏、柴油机、PCS、负载、母线类型的设备采集到的数据进行存储，事项信息表是对微网监控系统中用户操作系统的记录；告警信息表存储了系统中所有的告警信息以方便查询；参考解决方案表用于存储告警信息的参考解决方案；气象信息表用于存放天气相关的信息。

数据服务器是该监控系统与其他上层应用进行数据传递、数据交换与数据共享的唯一入口，因此数据服务器要具有对外提供数据插入、数据查询、数据更新、数据删除的功能。此外，要保证系统的安全，用户安全认证功能以及事件管理的设计也是至关重要的一部分，所有的故障信息以及对系统的操作都要具有详细的记录，为今后事件的查询做好准备。微网系统仍处于快速发展的过程中，当前系统的设备必定会根据发展趋势不断调整，因此还要具备设备管理功能。根据以上分析，我们将该系统数据服务器设计为以下几类功能，功能结构图如图 4-8 所示。

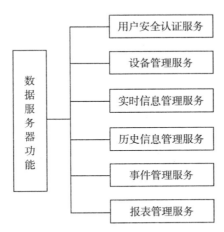

**图4-8　数据服务器功能结构图**

由于数据服务器依托于 Spring 框架，故在服务器启动时，只需创建一个 Spring 应用上下文（Application Context）作为控制反转（Inversion of Control）容器，其本质是数据服务器的全局上下文。Spring ApplicationContext 会加载 Spring 配置文件，并按顺序依次创建配置文件中声明的 Spring 对象实例（Bean）。另外，在系统中，也采用了 Spring 注解的方式来声明 Spring Bean，这一部分也会在配置文件中声明，Spring 框架会自己扫描注解并创建实例。首先，实例化数据库连接池，相关信息已在配置文件中列出；然后，加载 HTTP 服务器的配置信息并启动一个 HTTP 服务器，该服务器由 Jersey 提供的工厂类创建，服务器中已经注入了 Jersey 的过滤器。当服务器监听到 HTTP 请求时，过滤器会解析请求路径并转发到对应的 resource 方法中，在经过处理后由 Jersey 框架构建 HTTP 响应发送回请求方。将 Dubbo 框架的配置单独放在另一个文件中，在启动时一并加载，其中配置了 Dubbo 提供方与消费方所必要的配置，比如采用的协议、发布的端口、注册中心的地址等。另外，还声明了发布的服务与引用的服务。

数据服务器是以服务为核心的服务器。该服务器根据服务的内容采用不同的方式发布：一种是采用 Jersey 框架对 Web 发布 RESTful 格的 API 接口，另一种是使用 Dubbo 框架对外发布供 RPC 远程调用的 API 接口。

用户管理功能模块发布了用户登录验证、按用户名查询个人信息、删除用户信息、更新用户信息、新增用户信息、查询所有用户信息、修改个人信息、头像上传、密码修改等 9 个接口。

设备管理功能模块发布了查找设备基本信息、按设备类型查找设备基本信息、查找设备量测信息、按设备编号查找设备量测信息、修改设备基本信息、修改设备量测信息、新增设备基本信息、新增设备量测信息、删除设备量测信息、删除设备基本信息等 10 个接口。

实时监控功能模块发布了查询最新一条设备信息、查询设备当前故障信息及运行状态等两个接口。历史信息功能模块发布了查询设备历史信息、查询天气历史信息等两个接口。

事件管理功能模块发布了事项查询、开关控制、充放电控制、设备请求使用操作、系统校时、查询告警信息、不同设备类型的能量统计、告警参考解决方案的查询、新增、修改与删除等 12 个接口。其中对于需要进行数据推送的信息，数据服务器将每一个连接的 WebSocket 的会话缓存起来，当需要广播时，通过遍历当前用户发送广播。

监控系统运行报表管理模块发布了事项信息报表导出、事件告警信息报表导出、能量统计信息报表导出、历史设备信息报表导出、历史气象信息报表导出等 5 个接口。

报表管理相关 API 接口采用 Dubbo 框架发布服务是通过数据服务器在服务中心注册实现的，这样消费者模块就可以到注册中心调用已经注册的服务。前置服务器通过调用数据服务器暴露的告警信息交换服务、事项信息交换服务以及风机、光伏、柴油机等设备类型对应的信息交换服务进行数据交换；数据服务器通过调用前置服务器暴露的接口实现对设备反馈信息的推送情况。

### 4.4.3.4  前置服务器设计

前置服务器既负责与底层设备的通信，将中央控制器通过以太网发送的数据帧进行解析，并交由数据服务器进行存库操作；又负责对上层应用请求的操作进行的数据封装，之后将数据帧交由中央控制器执行指令。前置服务器功能结构见图 4-9。

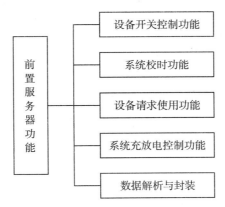

图4-9　前置服务器功能结构图

同样地，前置服务器在启动时，也需要创建一个 Spring Application Context 作为 IOC 容器，在配置文件中，通过加载 Netty Server 类启动 Netty 服务器实现与底层设备的双向通信，加载 Dubbo 配置信息实现与数据服务器的双向通信。

前置服务器采用 Netty 框架与底层设备进行实时双向通信，首先要通过 Server Bootstarp 服务类初始化 Netty 服务器，创建负责监听本系统设置的 10101 端口的 socket 请求的 boss 线程池和负责数据的读写的 worker 线程作为参数来初始化。当 boss 线程接收到设备发送的 socket 请求时，会产生一个 channel 并将其交由 Nio Server Socket Channel Factory 来处理，之后在 worker 线程中消息会将经过一些事先设定的 Channel Pipeline 进行处理。首先我们需要一个 Channel Pipeline 作为设备信息缓存池，将发送信息设备的 IP 地址等信息缓存，之后要有一个职责为数据帧长度校验、格式校验的 Channel Pipeline，验证通过后将校验正确的数据帧进行进一步的解析。将数据帧按通信协议设计的格式进行解析之后，将解析后的数据通过数据服务器发布的接口与数据服务器共享，对于需要返回响应信息的指令通过 Dubbo 发布的服务进行数据封装，通过 channel.write() 函数发送响应数据帧。

前置服务器通过前置服务器中 Application Context 配置的 Dubbo 注册中心暴露服务器地址，使数据服务器可以方便的获取服务。采用 Dubbo 发布的服务有系统校时指令发送服务、设备开关控制指令发送服务、系统充放电指令发送服务、设备请求使用指令发送服务，用于实现对底层设备的远程实时控制。

用户界面部分是采用 HTML、CSS、JavaScript 语言编写，前端开发采用了 React 框架，并使用 Webpack 构建。根据功能分析，将复杂的程序划分为更小的模块，实现由组件构建页面，从而提升页面性能以及代码的可重用性。

## 思考题

1. 综合能源混合控制系统的组成要素是什么？其对于能源的高效利用、减少能源消耗有何重要意义？

2. 智能楼宇能源综合监控的控制策略与主要原理是什么？

3. 地源热泵机房监控系统的设计要求是什么？

4. 分布式发电系统以及微网监控系统的关键组成部分是什么？系统建模采用的关键技术是什么？

# 参考文献

[1] 马伟，唐喜庆，王斐. 多能互补智慧微网系统在楼宇型零碳建筑中的应用 [J]. 能源与节能，2021( 12 ):159-162.

[2] 余晓明，蔡路茵，张曦. 多能互补系统在楼宇建筑中的应用研究 [J]. 能源研究与管理，2018( 3 ):98-101.

[3] 李扬. 基于多属性模糊决策的多能互补系统综合评价研究 [D]. 西安：西安建筑科技大学，2021.

[4] 徐琼，付慧敏，何之倬，等. 智能楼宇综合监控系统的研究和实现 [J]. 绿色建筑，2022，14( 1 ):74-75.

[5]Wetherington R ,Abu-Heiba A ,Mahderekal I , et al.Low-cost control system built upon consumer-based electronics for supervisory control of a gas-operated heat pump[J]. ASHRAE Transactions, 2017,123:72-79.

[6] Yang H J .Heat pump remote monitoring system design based on PLC and messaging to communicate with GSM[J].Advanced Materials Research,2014,3137(912-914):1513-1516.

[7] 陈鑫，单明珠. 基于地源热泵的监控管理平台设计 [J]. 洁净与空调技术，2020( 2 ):5-9.

[8] 王广保，徐友良，夏继军. 空气源热泵远程监控系统设计与实现 [J]. 安徽师范大学学报（自然科学版），2020,43( 1 ):39-45.

[9] 蔡英琪，汪铮. 上海自然博物馆节能设计 [J]. 现代建筑电气，2017，8( 7 ):53-56.

[10] Ovidiu N ,Marcel R ,Codrua B, et al.Ground source heat pump in heating system with electronics monitoring[J].Journal of Electrical and Electronics Engineering,2013,6(2):21-24.

[11] 蔡乾乾. 基于改进粒子群算法的光伏微网能量管理研究 [D]. 武汉：华中科技大学，2016.

[12] 韩鹏. 面向电动汽车大规模接入的微网智能体建模方法与仿真系统研究 [D]. 沈阳：东北大学，2015.

[13] 孟繁贵. 孤岛式微网监控系统设计与实现 [D]. 济南：山东大学，2014.

[14] 史德强. 孤岛式微电网综合监控系统 [D]. 济南：山东大学，2015.

# 第5章　低碳工业园区设计与规划技术

**本章导读**

　　本章从低碳园区的设计与规划出发，介绍了园区全生命周期管理，从集成化技术、绿色建筑设计、绿色施工设计、环境保护设计、园区节能、园区供电等多维度出发，介绍了低碳园区的规划要遵循以自然为核心的统筹系统观和建立低碳生态安全格局的规划观，在规划设计阶段就要提出各个层面的低碳生态指标约束，并由专业团队全程参与和监督指标的落实情况及后期运营服务，确保从规划设计、开发建设、运营乃至管理、服务全流程实现低碳生态的系统建设和运行。

## 5.1　工业园区全生命周期管理

　　推动经济社会发展绿色化、低碳化是实现高质量发展的关键环节。习近平总书记指出："坚持节约资源和保护环境的基本国策，全面推进节能减排和低碳发展。"以较少的资源能源消耗生产出高质量的产品，是推动工业园区绿色低碳发展的题中应有之义。要积极引导园区企业推动产业结构优化升级，严格控制高污染、高耗能、高排放企业入驻，大力发展绿色低碳产业。鼓励园区倡导全面节能降耗，加大对工业污染物排放的全过程防控和治理，减少污染物产生量。通过"横向耦合、纵向延伸"，构建园区内绿色低碳产业链条，促进园区内企业采用能源资源综合利用生产模式，推进工业余压余热、废水废气废液资源化利用，实施园区"绿电倍增"工程。支持园区加大清洁能源使用，推进能源梯级利用，降低化石能源消耗。支持园区推进管理和服务的数字化智能化，在提升园区管理运营服务效能中节能降耗。创新园区综合能源管理体制机制，系统优化园区能源供给体系，鼓励优先利用可再生能源。

　　园区作为城市的基本单位，是社会经济发展的中流砥柱，也是最重要的人口和产业聚集区。园区的双碳建设涉及交通、建筑、能源、信息基础设施等多个碳排放关键领域，专业繁多、技术复杂，需要有明确的方案路线作为指引。如图 5-1 所示，根据园区的生命周期，可以将双碳数字园区的实现过程分为规划、建设、运营三个阶段，本章将针对各个阶段的重点任务分领域进行详述。

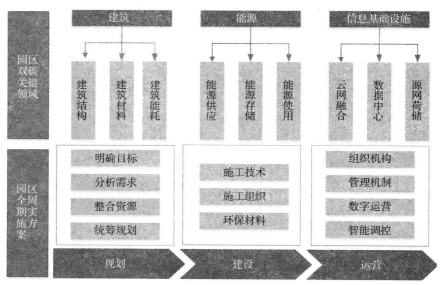

图5-1 双碳数字园区的实现过程

## 5.1.1 工业园区规划阶段

在双碳数字园区规划阶段，应当合理考虑园区布局，对园区的建筑、能源及信息基础设施等体系进行统筹规划，从源头上减少冗余设计，明确阶段目标及实施计划，为后期园区建设、运营、服务过程中的节能减排指明方向。

### 5.1.1.1 建筑规划

建筑规划主要考虑的是地块控制、建筑布局、建设标准方面，低碳园区建筑规划的目标是减少建筑物建造和使用过程中的能耗，促进建筑节能减排，因此建筑规划的步骤、原则和策略要提前明确，其建筑规划步骤如下：

（1）建筑规划步骤

①目标确定。根据园区的用能特点和减排潜力，结合相关政策标准和案例，对园区资源条件、基础设施、需求等进行初步分析，明确基于双碳目标的区域能源规划范围及重点，通过合理规划绿色建筑、绿色建材和节能设备等助力双碳目标实现。

②资源整合。根据园区自身特点，充分运用新材料、新能源、新技术促进减排降碳，如利用太阳能光伏和风能代替传统化石能源发电，在兼顾经济效益的同时更加环保，有效降低建筑碳排放。

③园区规划。通过分析园区建筑全生命周期的能源消耗水平及碳排放分布情况，按照建筑各阶段脱碳贡献程度，构建园区建筑全覆盖的综合节能系统，结合建筑用能电气化改造、寻找采暖新方式、使用节能电器和环保建材等方式，降低建筑能源内耗，打造绿色低碳建筑。

（2）建筑规划原则

①体现建筑的可持续性。在双碳数字园区建筑规划过程中，应考虑到后期建设、运营、

废弃阶段的能耗、污染与碳排放，在实现建筑坚固耐久的同时，兼顾建筑的易拆除设计，确保所用的材料和构件在其寿命结束时能够再循环利用，满足资源节约等方面的要求，以此体现其可持续性。

②因地制宜使用节能技术。在设计园区建筑时，应大力倡导和使用"适宜技术"。所谓"适宜技术"，是指根据气候带、地形等地域差异对建筑能源消耗的影响，因地制宜地使用节能技术，采取不同的节能设计和能源利用方式。盲目运用节能技术，不仅无法达到理想效果，反而会浪费资源，牺牲经济效益。因此，在建筑设计阶段，应强调技术的"适宜性"而非"普遍性"。

③主动式节能技术与被动式节能技术相结合。主动式节能技术是通过利用设备达到节能的要求，被动式节能技术则是通过建筑设计本身来减少用于建筑照明、采暖及空调的能耗。主动式节能设计依托于高技术的设备来实现园区建筑的低碳节能，效果显著，但设备成本普遍来说较高，加之在运行中还需要维护与保养，使得园区建筑的造价增加。被动式节能则是在建筑方案规划过程中，充分考虑建筑朝向、建筑保温、建筑体形、建筑遮阳、最佳窗墙比、自然通风等因素，在完全不耗费其他成本和资源的基础上使其满足节能低碳的要求。被动式规划经济节约，主动式规划则高效彻底，二者互为补充与平衡，在规划阶段共同使用，才能够在满足低碳节能要求的基础上实现经济节约。

（3）建筑规划策略

①建筑结构设计。建筑形式对建筑使用中产生的能源消耗具有直接影响，简约的造型可以有效的控制建筑形体系数，实现建筑能源消耗的最小化。从建筑设计阶段开始，采用被动式设计方法，考虑日照、采光、通风、隔热等因素，最大限度地减少对环境的干扰。因此，在规划过程中应对建筑造型、形式进行合理选择。

②环保建材使用。建筑材料和装修材料是造成建筑能耗污染的主要因素，尤其是依托化石能源生产的建材，在其生产、加工、建造、维护等各个环节均会产生许多环境问题。例如，加工混凝土时需要大量的水泥，而水泥本身就是高污染、高能耗及高二氧化碳排放的建材，即便是在拆除的建筑中，废弃的混凝土也是很难处理的污染物；人造板材会释放大量的甲醛，对室内外空气造成严重污染，诸如此类，不胜枚举。

因此，在设计低碳节能建筑时，应尽可能选取木材等非化石能源生产类建材，或采用经废旧建材重新加工而成的可再生材料，既节约成本，又可妥善处理废弃建材，减小其对环境的污染。事实上，早在 2008 年的汶川地震后，就有专家提出使用震后损毁建筑的材料作为骨料，加工成为砌块重新用于灾区建设，在当时得到了广泛的支持和好评。另外，使用就地取材并以当地传统工艺加工而成的低技术廉价建材，也是非常环保的选择，如：以我国西北地区随处可见的黄土为主要原料，添加秸秆、芦苇等植物纤维加工成建筑围护结构，这样建成的建筑在保温隔热方面都有显著的效果，有效节省了采暖和空调所需要消耗的能源，从而减少了碳排放。

③可再生能源在建筑中的综合利用。通过使用可再生能源推动能源侧转型，是实现"双碳"目标的重要途径。利用太阳能是当下实现建筑低碳节能的普遍手段，通过在建筑屋面

或墙面安装光伏电板，可以有效地吸收太阳能，并将其转化为电能，为建筑内部提供电力和热水。在建筑外围或结合遮阳系统使用太阳能光伏板，除了为建筑供电外，在夏季还可以起到阻热作用，降低室内温度，减少空调的使用。

在建筑屋面或周围使用小型风力发电机，不仅能够获得足量的无碳电力供应建筑本身，还可以将富余的电量并入电网供给城市用电，地源热泵技术在建筑中的运用是合理利用地表浅层地热资源的方法之一。地表浅层地热资源（或称为地能）的温度一年四季相对稳定，冬季比环境空气温度高，夏季比环境空气温度低，是很好的热泵热源和空调冷源。地能温度较恒定的特性，使得热泵机组运行更可靠稳定，也保证了系统的高效性和经济性。设计安装良好的地源热泵，平均可以节约 30% ~ 40% 的供热制冷空调的运行费用，从而有效降低建筑空调设备的碳排放量。

全方位、可循环的节水设计可以有效节约水资源。经管道收集雨水、中水，回用于绿化灌溉、水体景观以及卫生间冲洗中，在公共卫生间选用高效节水型洁具和配件，是减少浪费、实现水资源高效利用的有效措施。此外，将污水"变废为宝"用于水源热泵空调系统，可以为建筑提供冷热能源，并且不会产生任何污染和碳排放。

### 5.1.1.2  能源规划

园区能源规划应重点关注清洁能源，结合储能等灵活资源的调节能力，能源规划主要考虑区域能源规划、新能源利用。低碳园区的能源利用，一方面需在清洁能源的使用和可再生能源比例上加以提高，通过新能源系统来实现；另一方面需运用能效管理系统，实现对能源的实时管理、运行监测。通过清洁能源和节能设备的利用，园区可大大降低煤炭的使用，达到减排二氧化碳、二氧化硫等污染物的目标。

（1）能源规划步骤

基于双碳目标的园区能源规划的基本方法，主要分为以下三步：

①目标策划。根据园区的用能特点和减排潜力，结合相关政策和案例，对园区的资源条件、基础设施、用能需求等进行初步分析，明确基于双碳目标的区域能源规划范围及重点。

②资源整合。充分整合能源领域技术，根据园区自身特点，规划使用可再生能源利用技术、化石能源高效清洁利用技术、分布式能源技术、先进储能技术、智能电网技术等。

③园区规划。全面考虑低碳能源体系总体布局，因地制宜规划园区可再生能源（风电、光伏、地热等）区域，充分利用已有规划设计蓝图布局新能源发电以及能源存储转化系统，合理规划充电和新能源车位，实现能源的最优化配置和利用。

（2）能源规划原则

园区能源规划应重点关注清洁能源，结合储能等灵活资源的调节能力，优先采用以光伏和风力发电为主的分布式可再生能源系统，减少能源供应端的碳排放量。同时，考虑不同种类能源的相互补充与替代，统筹规划电—热—气等能源传输网络，促进多种能源形态高效协同运行。基于上述分析，园区能源规划的目标是在园区能源系统中全面融入低碳理念，充分利用分布式电源、储能、冷—热—电—气耦合等多种手段，实现能源供应的绿色化转型，助力园区"双碳"目标的实现。通过园区能源规划，期望建成满足以下要求的园区能源系统。

①能源供应零碳化。园区通过整合能源投资和能源技术，构建以光伏、风电等清洁可再生能源为主的零碳能源系统，根据项目自身特点因地制宜布局，降低以火电为主的市电的使用，大幅提高园区能源供应的清洁度，从源头显著减少碳排放。

②能源系统灵活化。全面调动源网荷储协调互动，通过源源互补、源网协调、网荷互动、网储互动和源荷互动等多种交互形式，应对大规模新能源的不确定性和不稳定性，从而经济、高效、安全地提高能源系统可靠性，建设多元融合高弹性能源系统。

③多元系统互补化。以电力网络为主体框架，通过电、气、热、冷、氢的灵活集成，充分挖掘横向源—源多能耦合、协同互补特性，从而进一步抑制清洁能源发电的强随机性和强波动性，同时实现能源系统的供能可靠性以及能源综合利用效率的大幅提高。

（3）能源策略

以合理结构的多种能源为依托的新型能源系统，以电力网络为基础，耦合分布式能源、热能、制冷、天然气等各个系统之间有机结合，协同规划、合作运行、互补互利，在兼顾经济性的同时完成"双碳"战略目标。比如园区可利用地源热泵、太阳能等可再生能源，在居住建筑屋顶应用太阳能光热系统，在公共建筑屋顶使用太阳能光伏发电系统，利用分布式微网技术，进行能源替代，构建清洁、高效的能源供应系统。景观工程中照明可应用太阳能、风光发电系统等可再生能源技术，应用风光互补路灯，实现绿色照明。暖通设施采用冷热电三联供系统，实现集中供冷热暖，提高能源资源综合利用率。

### 5.1.1.3　信息基础设施规划

应根据国家"双碳"战略，以新发展理念为引领，以技术创新为驱动，以高效用能节能为基础，面向高质量发展需要，提供数字化转型智能升级、融合创新等服务的信息基础设施。在清洁能源使用、电能利用效率及水利用效率指标、生命周期工艺优化和管理等方面应满足以下规定要求：

（1）清洁能源使用

数据中心宜采用光伏、水电、风能等清洁能源，对于无法完全采用清洁能源的，可采用绿电交易、购买绿证等方式，减少碳排放。数据中心宜布置屋顶分布式光伏系统，并配合优化器使用，提高发电量。

（2）低碳数据中心选址

宜选址在水力、风力、太阳能等可再生能源充足的地区，所在区域应气候适宜、环境空气清洁、能充分利用自然冷源，自然冷源利用的技术方式应满足环境容量承载力的要求。宜充分利用闲置或废弃的隧道、洞室、涵洞、仓库、安装间等设施，减少土建过程的碳排放。

（3）电气规划要素

供配电系统宜采用第三路市电或其他类型的低碳稳定电源作为备用电源，减少一次化石能源产生的碳排放，也可采用环保储能产品替代柴油发电机。供配电系统的规划布置应靠近负荷中心，减小供电半径；低压配电系统可采用融合、预制化方式，节约占地、提高供电链路效率。照明系统应利用有外窗的辅助区域，合理利用天然采光；宜采用导光和反光装置将天然光引入室内进行照明；宜选用智能照明系统，对系统的工作状态进行控制，非工作时间熄灯节能；宜采用高效的照明光源设备。

## 5.1.2　工业园区建设阶段

### 5.1.2.1　建筑建设

（1）建设思路

园区建筑的施工过程碳排放主要包括施工现场的垂直通道运输、施工照明、钢筋切割、搅拌混凝土以及施工现场管理等，其大小主要由建材种类和数量、建筑结构形式、施工设备和施工工艺等决定。因此，在建筑建造过程中应尽量采用环保建材，结合低能耗、低污染的施工工艺，提升资源利用率，实现建设阶段的节能降碳。

（2）建设路线

①选择环保材料。优先选择使用环保型材料，结合低能耗，低污染的施工工艺，提升资源利用率，改善建筑材料运输和施工过程中的碳排放量，实现建筑建设阶段的节能减排。作为承载园区生产生活的关键基础设施，园区建筑材料的消耗庞大，合理选用装配式、可循环利用或具有保温隔热等功能的环保建材，减少施工中的材料消耗，既能降低建设过程中的环境污染，又有助于降低后续建筑运营使用时的能耗，例如，普通的浮法玻璃的辐射率高达 0.84，而 LOW-E 玻璃辐射率可以降至 0.15，能有效抑制其内表面的热辐射，大大降低因辐射而造成的室内热能向室外的传递，从而达到理想的节能效果。

②应用节能技术。发展太阳能、小型风力发电等新能源技术，实现能源供应结构转变。从节能减排的角度改进施工工艺，选用与施工技术相匹配的施工设备，科学地进行施工流程等设计，降低设备运行中的能源消耗，分类处理建筑施工、旧建筑拆除和场地清理时产生的固体废弃物，将其中可再利用材料、可再循环材料回收和再利用，如废钢筋、废铁丝和各种废钢配件等金属，处理后可再加工制造成各种规格的金属材料；在保证性能和环保的基础上，推广使用废木材制成的木芯板、三夹板等建筑装饰材料；在满足使用性能的前提下，推广使用建筑废弃物再生骨料制作的混凝土砌块、水泥制品和配制再生混凝土。

### 5.1.2.2　能源建设

通过建设分布式能源系统、储能系统、充电桩等，推动双碳园区的节能减碳。

（1）数字智能分布式光伏电站建设

分布式光伏发电系统是园区实现双碳目标的重要途径之一。光伏板因具有遮挡的属性，除了在建筑物的屋顶安装外，还可以在采光屋顶、护栏、幕墙、遮阳雨棚等地方安装，最大化的发挥其应用场景。

（2）天然气分布式能源站建设

随着天然气管网的建设，在园区配套建设天然气分布式能源站，通过冷、热、电三联供等方式实现能源的梯级利用，在负荷中心就近实现能源供应，提高能源综合利用效率，实现园区环保低碳目标。

（3）电化学储能系统建设

在新能源为主体的能源格局大背景下，储能技术成为新能源发展的核心支撑，覆盖电源侧、电网侧、用户侧等多方面需求。对比各种储能手段，电化学储能拥有设计灵活、配置方便、响应速度快、精确控制、双向调节能力等优势，在实际中应用范围最广。

（4）充电站（桩）建设

发展电动汽车已成为改变能源消费结构、保障能源安全、振兴民族汽车工业的战略举措，充电站作为电动汽车产业发展的配套工程在落实节能减排方面也承担重要作用。园区可利用停车场地，规划建设充电站。

### 5.1.2.3　信息基础建设

（1）低碳数据中心建设

低碳数据中心建设过程的设备与材料采购建筑材料方面，应采购具有绿色认证的建筑材料；机电设备方面，宜采购碳中和的机电设备，并要求供应商提供相关证明材料；计算总碳排放量的时候，可进行减除；技术经济合理时，宜采购能效指标优于设计指标要求的产品，应优先采购由工信部编制的《国家绿色数据中心先进适用技术产品目录》中的产品。

（2）数据中心零碳施工

数据中心建设过程中，宜采用预拌混凝土、预拌砂浆，以减少现场扬尘和碳排放，施工现场工程用车宜采用清洁能源车，施工使用的泵、电机等机械宜采用高效直流变频驱动，施工场地照明系统宜采用节能环保灯具。应制订合理的施工计划，避免返工，缩短施工周期。

## 5.1.3　工业园区运营阶段

### 5.1.3.1　建筑运营

（1）运营思路

①建立综合软硬件、人力、管理理念的运维生态体系。以数字化赋能园区建筑运维管理为核心，充分结合移动互联技术、物联网技术，打通园区建筑运维过程中涉及的设备监控、能耗管理空间管理、设备/资产管理、事务响应、计划安排、任务管控等诸多环节，实现设备的准确定位及运行状态实时查看，帮助园区运维人员进行科学的管理决策，在减员增效的同时，提升运维服务品质、效率及业主满意度。

②构建全面感知、智能管控的能效管理系统。借助物联网、AI 和大数据等新技术，构建能效管理系统，智能感知能源消耗情况，采集各类能源（水、电、气、暖）使用数据，建立能源调度、设备运行、环境监测、人流密度等多维分析模型，依托平台的大数据智能分析诊断模型和算法，对空调、照明、动力等分项的能耗进行多维度的统计分析，包括昼夜峰谷比、季节峰谷比，诊断可能存在的能源浪费行为，辅助管理优化，达到减少能耗的目标，改变传统粗放式的供能模式。

（2）运营路径

①建立健全双碳园区碳排放管理制度。评估园区建筑碳排放方案与国家、地方和行业

"双碳"相关法律法规、政策规划、标准规范等的相符性，明确园区二氧化碳核算边界和产生节点，开展园区建筑碳减排措施可行性论证，从环境、经济、技术可行性等方面开展碳减排措施可行性评估。提出园区建筑碳排放控制措施和管理要求，从园区各个流程落实节能减排、降本增效目标，制订园区碳排放监测、报告和核查工作计划。

②利用数字化技术。基于数字孪生等技术实现建筑模型可视化，通过建立电力消费量，碳排放量的关联模型，实现碳排放量实时测算。利用物联网等技术实现全天候建筑能耗监测，从区域、专业等多个维度对监测指标进行分类汇总与分析，并建立双碳数据资源管理库，为园区建筑运营管理提供数据依据，同时，结合能源管理系统与楼控系统的通信交互，持续优化控制逻辑和节能效果，实现系统之间的配合与持续改进，让建筑运营更加低碳智能。

### 5.1.3.2 能源运营

（1）运营思路

电能是园区运营阶段能源消费的主要形式，与传统园区不同的是双碳数字园区将有大量分布式风、光、氢、余热、生物质等非化石能源发电就近接入园区微电网，多种能源互补利用，综合保障能源供应的安全稳定。在园区运营阶段，电力传输宜交则交、宜直则直，缩减电力电子器件的使用，抑制谐波的产生，交流微电网与直流微电网独立控制，互为备用，提高系统的可靠性。

（2）运营路径

微电网能量管理系统实现能量的优化分配与平衡，建立"源—网—荷—储"一体化网络，保证微电网的经济高效运行，利用先进的物理信息技术和创新管理模式，构建"互联网+"智慧能源管理系统，整合园区内不同类型的能源资源、储能设施及电气化交通等要素，通过天然气冷热电联供、分布式能源和能源智能微网等方式，实现多能协同供应和能源综合梯级利用，推动能源清洁生产和就近消纳，实现异质能源间的协同规划、交互响应和互补互济，在满足园区内多元化用能需求的同时，有效提升能源利用效率，降低能源生产与消费成本，同时，挖掘园区内部和园区间的产业共生潜力，将生产过程中的副产品及废物等回收利用，达到资源的最优化配置，形成绿色共享的闭环流动循环系统。

数字化能源方面，令园区成为有温度的数字化生命体是实现低碳发展的有效捷径，电碳耦合的智慧能源管理系统将全面地掌握园区内的能源生产、使用和碳排放情况，实现在生产、传输、存储和消纳等环节的全程可视和智能分析，自动为园区内企业管理碳资产配额，完成碳汇交易。同时，新技术的运用将进一步减少资源消耗，赋予园区更多低碳内涵。

# 5.2 绿色低碳工业园区集成化设计技术

## 5.2.1 分布式新能源

供电是功能型园区最主要的碳排放来源，电力清洁化是实现零碳改造的关键。园区通过整合分布式新能源，构建以光伏、风电等新能源为主的能源供应系统，根据园区自身特点因地制宜布局，降低以火电为主的市电使用，可以有效提升清洁能源供给比例。

## 5.2.2　电动汽车充换电

充电站是安装于公共建筑和居民小区停车场或充电站内，根据不同的电压等级为各种型号的电动汽车提供电力保障的充电设备。园区要合理规划建设充电站、换电站等配套设施，做好充电设施预留接口与停车场区域总体布局，以电能代替化石燃料实现交通过程的零碳排放。在对充电桩位置与容量进行合理规划的基础上，部署对用电终端的监控管理系统，推进充电桩与通信、云计算、智能电网、车联网等技术有机融合，优化电动汽车充放电行为，有效平滑用电曲线，提高利用率。

## 5.2.3　建筑节能技术

建筑墙体选用岩棉、玻璃棉、聚苯乙烯塑料、聚氨酯泡沫塑料、聚乙烯塑料等新型保温绝热材料以及复合墙体，下降外墙传热系数。采取添加窗玻璃层数、窗上加贴透明聚酯膜、加装门窗密封条、运用低辐射玻璃等办法，改善门窗绝热功能，降低室内与室外空气的热传导，在南面区域和夏热冬冷区域屋面选用屋面遮阳隔热技术。采用热泵为建筑物供热可大幅度降低供热的燃料消耗，节能的同时将有效降低温室气体排放。

## 5.2.4　数字化技术

数字化赋能是建设零碳园区的必由之路，园区通过云计算、移动互联网、大数据、区块链、5G 等数字技术的融合发展促进自身的绿色低碳转型。园区通过数字化管理提高运行效率，减少碳排放，通过数字化技术打造碳排放智能监测系统，实现对碳排放实时"全景画像"，通过数字化支撑碳核算体系运转，更加精准地进行碳排放核算，通过数字化实现碳生命周期全程智慧管理。

## 5.2.5　碳捕获、利用与封存（CCUS）技术

CCUS 技术是将二氧化碳从排放源中分离后或直接加以利用或封存，以实现二氧化碳减排的技术过程，包括二氧化碳的捕集、运输、封存以及利用 4 个环节。在园区层面，由于生产工艺等原因，能源和生产环节无法实现完全的零碳排放，通过负碳技术等手段，可以抵消部分化石能源的碳排放而实现碳中和。

## 5.2.6　综合能源服务

由于风、光等清洁能源的随机性和波动性，园区为保证供能的稳定性和经济性，需要构建综合能源服务系统。以"横向多种能源互补、纵向源网荷储协调"为原则，兼顾能源系统安全性、经济性和清洁化，整合区域内太阳能、风能、天然气和电力等多种能源资源，提升能源子系统之间的协调规划、优化运行、协同管理、交互响应和互补互济水平，在满足园区多元化用能需求的同时，提高园区能源系统供能可靠性与综合能效，降低用能成本、

碳排放量和其他污染物排放量，推动园区产业高质量发展。

# 5.3 绿色建筑设计

绿色建筑是在建筑的全寿命周期内，最大限度地节约资源（节能、节地、节水、节材）、保护环境和减少污染，为人们提供健康、适用和高效的使用空间，以及与自然和谐共生的建筑。建筑的全寿命周期包含材料构件生产含原材料的开采规划与设计，建造与运输，运行与维护，拆除与处理（废弃、再循环和再利用等）的全循环过程。绿色建筑的基本内涵是：最大限度、最合理地利用资源，实现四节一环保，使建筑本身和周围环境和谐统一、相互依存。它应该具备以下特征：能提供健康、舒适、安全的居住、工作及活动空间；在全生命周期内都能实现资源的高效利用，减少各种资源的浪费；使用无污染、可拆卸的绿色建材；对建筑和生活垃圾进行减量化处理；对周围的环境尽量不产生或少产生不利的影响；因地制宜，尊重本土的自然环境条件；建筑具有地域性特征，彰显本地民俗文化和本地特色。

## 5.3.1 建筑结构设计

在建筑的外围护结构中，门窗是保温隔热的关键要素，同时也是节能设计的重点考虑因素，在保证室内采光的基础上控制窗墙比，能有效地降低能耗。在幕墙中多设置可开启窗扇，有利于室内空气流通，在夏季时，更可以借自然通风取代空调降温。

利用植物光合作用的特性，在建筑内设置绿色碳汇有助于优化建筑空间环境，包括改善空气质量、增加空气湿度、增加空气中负离子含量等；适当设置屋顶绿化，在减少碳排放的同时，还能达到降低屋顶热辐射、调节室内温度的作用；依托墙体种植藤蔓植物，可以遮挡日晒，丰富立面效果，综合利用多种绿化措施，既美观又能够起到净化空气，降低"热岛效应"的影响。

## 5.3.2 绿色施工工艺

（1）墙体施工技术

目前，在墙体施工中应用绿色节能技术非常普遍，例如砖材是由土、沙等烧制而成的，为了节约土、沙等资源，在墙体施工中，大多数施工单位会选择使用空心砖，在使用空心砖砌墙时，施工人员需要采用整砖平砌的方式，并且沿墙长延伸方向设置长圆孔，从而在实现节能节材的同时保证墙体结构的质量。另外墙体保温施工也用到了绿色节能新工艺，可以有效保证保温材料的均匀性，从而在避免浪费材料的同时提高墙体保温效果。除此之外，采用干挂施工工艺或者采用设置空气层的方式，既可以节省保温材料，又可以起到隔温隔水的作用。

（2）昼光照明技术

建筑照明是施工过程中的能耗大项，它不仅会造成极大的能源浪费，还提高了建筑工程施工成本，因此，施工单位可以利用昼光照明等绿色节能技术节约电能。昼光照明是将日光引入建筑内部，并将其按照定的方式分配，从而提供比人工光源更理想的照明。昼光照明极大地降低了电能消耗，间接节约了煤炭资源。另外，昼光照明是一种更健康的照明方式，它既不会刺激人的眼睛，也不会产生光污染，施工人员还可以利用先进技术改变光的颜色，从而营造良好的光照环境。

（3）门窗节能施工技术

综合考虑当地的气候、自然条件和具体工程情况，对建筑的门窗进行科学的设计，选择适合的材料，分析门窗的防风、防雨水渗透效果，科学地设计门面的大小、尺寸和参数比例，如特别寒冷的北方地区，在保证室内通风条件顺畅的前提下，可以适当地减小门窗的尺寸，以起到防寒、防风效果，在施工中使用节能环保技术和设备，如窗框与窗洞口连接断桥节点处理技术，外窗安装断桥铝合金中空玻璃窗户，同时加安密封条，起到一定程度地减少空气渗漏、冷风渗透耗热的作用；使用单面被膜 LONE 中空玻璃，其具有很好的保温隔热性能，在建筑南向及西向安装外遮阳设备和设施，能够起到降低太阳辐射、空调负荷的作用，进一步安装光、温感元件及电动执行机构，对其实施智能化控制，根据室内外温度、日照强度等自动调节遮阳设施，如安装卷帘外遮阳系统、钢化玻璃（冰花玻璃）构成的外遮阳系统等。

（4）室内绿色节能施工技术

建筑工程室内设计和装修也需要强化绿色节能环保设计，将绿色节能施工技术科学地应用其中，在房屋布局和规划的时候，科学考虑房屋朝向、门窗规格，最大化地利用自然光和风，降低电费消耗，对房屋建筑的照明系统进行科学的布置，使用节能型灯具，如LED 照明节能灯等；将现代智能化、自动化技术应用其中，提高照明系统的智能化水平，如自动调节照明亮度、照明时间段等。在房屋建筑混凝土底板上铺设毛细管网络，夏天注入冷水降温，冬天注入热水采暖，起到一定的节约用电、降低损耗的作用。安装新风系统，以起到稳定室内湿度的作用、保持室内室外空气流通的作用，以降低空调等设备的耗能。

（5）节水施工技术

建筑施工还要科学地应用节水施工技术，以实现水资源的循环利用、减少污水对环境的影响，提高资源利用效率，科学地设计建筑的节能排水系统，对施工中的工业废水、污水进行及时、科学的处理，合理地进行回收和再利用。

（6）污染防控和防治技术

建筑工程施工节能环保，要采用有效的措施，对施工中的各项污染进行科学的防治和控制，最大化地降低施工污染的影响，同时做好能源的再利用，真正做到文明施工、绿色施工，打造生态建筑，在施工现场规范化地设置防护网；采用洒水、覆盖等措施做好施工扬尘污染的防治；避免在夜间施工；将污水进行分类处理，固体废弃物进行分类管理，将钢筋、砖头等废弃物在其他地方循环利用，不能再利用的对其进行科学处理。

### 5.3.3 施工材料处理

分类处理建筑施工、旧建筑拆除和场地清理时产生的固体废弃物，将其中可再利用材料、可再循环材料进行回收和再利用，如钢筋、废铁丝和各种废钢配件等金属，处理后可再加工制造成各种规格的金属材料，在保证性能和环保的基础上推广使用废木材制成的木芯板、三夹板等建筑装饰材料；在满足使用性能的前提下，推广使用建筑废弃物再生骨料制作的混凝土砌块、水泥制品和配制再生混凝土。

### 5.3.4 绿色施工管理

要推进绿色施工，首先要推进绿色施工管理。科学的管理、先进的施工技术是实施绿色施工的途径。绿色施工管理就是采用先进的绿色施工技术，构建相应的绿色施工管理体系，制定相应的管理目标和管理制度，对施工方案、施工准备、材料采购、现场施工、工程验收等整个施工过程实施动态管理。绿色施工管理的核心就是采取切实有效的工作制度，最大限度地减少施工活动对资源与能源的消耗，最大限度地减少施工活动对环境的不利影响。《绿色施工导则》指出绿色施工管理主要包括组织管理、规划管理、实施管理、人员安全与健康管理和评价管理五个方面，绿色施工管理就是要加快推进这些方面的工作。

组织管理是绿色施工管理的顶层设计。绿色施工管理体系中要明确绿色施工总目标，并将目标分解：明确各级组织机构的职责任务，制定有关政策措施，确保目标的实施；分期分阶段对目标实施情况、任务完成情况进行考核，真正做到过程控制。

可以设置绿色施工管理和监督组织机构，根据需要可以分级设置。一级机构由建设单位、设计单位、监理单位、施工单位组成，由建设单位牵头，其项目经理为负责人。二级机构由施工单位的有关职能部门组成，其项目经理为负责人。负责人要明确各个岗位、各位人员的绿色施工任务，确保目标的实施。

# 5.4 环境保护设计

环境保护设计采用从外界获取有限的资源与能量、向环境排放有限的废弃物与副产品的发展模式，物质与能量在系统内不断循环利用以实现"物质减量化、能源梯级利用和废弃物最小化"，使经济与环境形成良性的动态过程是可持续的发展模式产品与服务的原料和能源消耗强度小，环境效益好。因而，环境效益是生态工业园区区别于一般园区的最重要指标表征的是低碳工业园区的"环境动态"，环境效益好说明系统环境向良性方向转变，园区稳定性强。

### 5.4.1 生态工业链建立

园区内企业之间的这种链式关系类似于自然生态系统中的"生物链"，称为"生态工业链"，它既是一条物质传递链，也是一条能量转换链。物质和能量在生态工业链上沿着"生产者—消费者—分解者"的途径流动，原料、能源、废弃物及各种环境要素之间形成更为复杂的链网结构，能源、资源在其中反复循环得到最大限度的利用，废弃物资源化并实现再生增值。

"资源—废弃物—再生资源"是周期式循环往复的动态生产模式，园区内各个企业形成生态工业链的主旨不是为了吃掉另一个企业的废弃物从而减少废弃物的排放量，而在于降低自己的成本（包括治污成本），提高产品的竞争力，达到更好的占领市场的目的，归根结底是为了提高自身的经济效益。

### 5.4.2　节能环保设计

绿色园区的设计理念在于节能环保。通过采用节能设备、智能化管理系统和可再生能源等手段，降低园区的能源消耗，减少对环境的污染。同时，园区还应该建立健全的垃圾分类和资源回收利用体系，最大限度地减少园区对资源的消耗和对环境的负面影响。

低碳园区重点发展节能环保产业，包括节能技术与设备、节能建筑材料、能源管理与服务等。园区吸引和扶持节能环保企业，推动资源有效利用、废弃物处理与回收、环境监测与治理等领域的创新和发展。节能环保产业对于构建零碳园区具有重要意义，主要体现在以下几个方面：

①能源效率提升。节能环保产业致力于提高能源利用效率，通过引入节能技术和设备，优化能源管理系统，实现能源的高效利用。在零碳园区中，节能环保产业可以提供节能解决方案和技术支持，帮助园区降低能源消耗，减少碳排放。

②减少资源消耗。零碳园区的建设目标是可持续发展，节能环保产业可以帮助园区降低对资源的消耗。通过推广循环经济、资源回收和再利用等措施，能够减少园区对原材料和资源的需求，减少资源的浪费和环境压力。

③减少环境污染。节能环保产业的发展可以减少园区对环境的污染。例如，通过引入清洁生产技术和设备，减少园区的废气、废水和固体废物的排放，有效降低园区的环境污染程度。同时，节能环保产业还可以提供环境监测、治理和修复等服务，保护园区的生环境。

④促进绿色产业发展。零碳园区的构建需要推动绿色产业的发展和转型。节能环保产业作为支撑绿色产业的重要组成部分，可以提供清洁能源、节能设备、环保技术等支持，推动园区内绿色产业的发展。绿色产业的发展将为园区带来经济增长、创新活力和就业机会。

# 5.5　节水、节能、节材、节地设计

### 5.5.1　节水设计

生态工业园作为以可持续发展为目标的工业园区，水资源的节约和循环利用以及水环境的保护和改善应作为园区规划建设的重要内容，也可称为水系统优化。水系统优化的最终目标是提高水资源的配置效率，减少排向环境中的污水量和污染物。

### 5.5.1.1 水优化的途径

水系统优化可选择节约用水、分质供水和充分利用非传统水源等三条主要途径，实现水资源的高效利用。

节约用水即在保证生活质量和产品质量的前提下，提高水的利用效率，减少新鲜水耗，进而减少末端治理负荷的用水途径。

分质供水即按不同水质供给不同用途的供水方式。主要分为可饮用水和非饮用水两大系统。

生态工业园在水系统优化配置规划过程中，应根据不同企业、不同用途对水质的不同需求，建立集中处理、分质供水的供水模式，实现水资源优质优用、低质低用和梯级利用。在具体操作中，可以通过建设自来水和再生水两套供水设备和管网系统，形成自来水系统、优质再生水系统和一般再生水系统三类水系统的途径来实现：原有市政供水管网负责提供对水质要求较高的生产生活用水，以园区再生水厂为再生水源铺设中水管网，作为园区的第二水源，提供低质用水。

### 5.5.1.2 雨水收集利用系统建设

从节约新鲜水资源、经济因素和预防水涝危害因素等多方面考虑，雨水资源的充分利用都有着重要意义。首先，雨水资源化可以节约大量的新鲜水资源，实现水资源的节约利用；其次，雨水来自天然，利用起来比较经济，尤其是暴雨频率高、强度大的地区，如果不采取雨水资源化措施，初期雨水的收集和处理的工程费用将会较高；最后，渗入地面的雨水可补给地下水，在浅层地下水为苦咸水的地区，利用雨水渗透，可以淡化地下水，改良土壤，使之更利于植物生长，调节气候，从而改善区域自然生态环境，减轻水体污染。

雨水利用的主要流程为：收集—储存—净化水质—利用。雨水利用具有就地收集及增加可利用水资源量的优点。雨水经净化后可作为城市杂用水，用于绿化、道路冲洗及工业用水的代替水源，如图5-2所示。

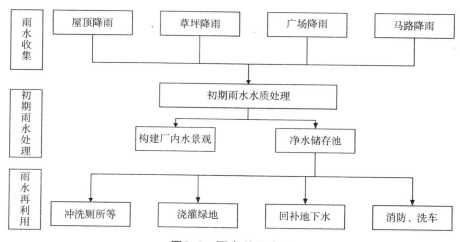

**图5-2 雨水利用过程**

雨水大规模的集中收集、蓄存费用较大，对于年降水量并不是很多的北方城市而言，建设大规模的雨水集中收集、蓄存装置的经济性较低，但若因地制宜，采用多种形式的自然资源化和人工资源化相结合的方式，可大大提高雨水资源的利用效率、降低资源化成本。

## 5.5.2　节能设计

在全球经济高速发展的今天，能源安全已上升到了国家的高度，各国都制定了以能源供应安全为核心的能源政策。工业园区作为工业发展的重要载体，是能源，尤其是化石能源消耗的大户，其生态化建设的首要任务就是贯彻低碳能源发展战略，从提高能效、节约用能，推广化石能源洁净利用技术，充分利用可再生能源方面入手，构建能源高效利用体系，降低碳排放量。

因此，采取低碳能源发展战略，实现能源高效利用，降低经济发展对化石能源的依赖程度，减少化石能源消费带来的环境污染物和温室气体排放，已经成为生态工业园区建设的重要内容之一。

### 5.5.2.1　能源高效利用主要途径

对于工业园区来说，提高能效、节约用能可以从建筑节能、工业节能和管理节能三条途径来实现：

①建筑节能是指在设计与建造过程中，充分考虑建筑物与周围环境的协调，利用光能、风能等自然界的能源，最大限度减少能源消耗和环境污染。生态工业园区的建筑节能可通过推广节能建筑、节能厂房和节能照明系统来实现。

②生态工业园区的工业节能可通过工业余热利用和提高生产能效等途径实现。

③生态工业园区的管理节能可以通过引导企业、办公楼等实施能源审计、合同能源管理等能源管理措施来实现提高能效、节约能源的目的。

### 5.5.2.2　低碳发展的技术支撑体系

生态工业园区可以通过发展清洁煤技术和 $CO_2$ 捕获和封存技术（CCS）实现化石能源的洁净利用，从而降低碳排放，或者使用可再生能源。

清洁煤技术的核心是煤炭的转化技术，目前主要有煤气化技术、煤液化技术、煤制合成天然气技术和煤制氢技术。

$CO_2$ 捕获和封存技术（CCS）是近年来逐渐兴起的一项通过化石能源洁净化利用达到减排目的的新型技术，其主要针对的是煤炭的清洁利用。CCS 技术是一系列既有技术和新技术的集成，主要包括 $CO_2$ 捕获技术和封存技术。

使用可再生能源替代部分化石燃料，优化能源结构，是提高园区能源利用效率、降低 $CO_2$ 排放强度的重要手段。可再生能源是指风能、太阳能、水能、生物质能、地热能、海洋能等非化石能源。

## 5.5.3　节材设计

在低碳工业园区设计与规划中，节材设计充当着关键的角色，它主张最大化地提高材料的使用效率和节约使用量，同时也努力降低对环境的影响。节材设计可以从以下几个方面着手：

（1）推广使用可再生建材，重复使用建材

园区内的建筑、道路等基础设施建设应优先考虑使用可再生建材，如秸秆砖、竹木材等天然可再生材料。这些材料来源可持续，使用过程中既节约木材等传统建材，又可减少建筑垃圾的产生。可再生建材的使用还可以减少运输过程中的碳排放。针对不同的建设需求，可以选择使用符合要求的各类可再生建材，如秸秆制成的夹芯保温砖、板材，竹材制成的地板、门窗等。在满足建筑物使用要求的前提下，园区内各类建筑的墙体、楼板等可考虑以可再生建材替代一定比例的红砖、水泥等传统建材。对于钢材、混凝土等建筑材料，拆除旧建筑后，应重复使用质量良好的混凝土、砖石、钢筋等建材；将混凝土建筑废弃物粉碎再生制作成水泥粒料等再生骨料，用于道路工程、制砖等，实现资源循环利用。

（2）推行绿色建筑技术

推行模块化、组装化等绿色建筑技术。模块化建筑采用统一设计的房屋单元，然后组合搭配形成建筑整体。组装化建筑是指采用组装部品和规格化连接件系统化组合成建筑物的建造方法。这两种建筑方式组件可重复使用，也方便更新更换、拆除处理，应积极在园区推广应用。相比现浇混凝土，装配整体式混凝土采用预制构件，可减少材料损耗，提高混凝土利用率。在园区建设中，应积极采用装配整体式混凝土技术，减少水泥、砂石等建材的浪费。钢结构建筑采用钢材作为主要建筑结构材料，钢材重复利用率高。在园区建设中，对于大跨度的厂房、仓库等建筑可优先考虑采用钢结构。

（3）新技术和新工艺

新技术和新工艺的使用，如预制技术、轻型墙体技术等，可以极大地提高材料的使用效率，减少材料的损耗和浪费。例如，通过采用预制构件技术，不仅可以缩短工期，降低施工过程中的噪声和灰尘污染，还能有效地减少材料的耗费和废弃物的产生。再如，轻型墙体技术的应用，由于其自重轻、抗震性能好且施工方便等优点，已在各类型建筑中广泛应用，这也从源头上达到了节约材料的目的。

（4）建立完善的建材管理制度

建立健全园区建材采购审查制度，优先选择环保建材，杜绝高污染、高耗能的建材进入园区。重点审查建材的再生利用率、污染物释放等指标，选择符合园区发展理念和标准的建材。对于建筑垃圾，实施分类收集和资源化利用，如生产骨料、制砖等，实现建材的循环再生。

因此，节材设计在低碳工业园区设计与规划中占据关键的地位。它通过在材料选择、设计优化、技术创新以及政策推广等多个层面实现材料的有效利用和节约，有助于推动工业园区走向绿色和可持续的发展道路。无论是在工厂还是办公楼的建设中，节材设计都应作为一个重要的理念来引导和规范我们的行为，以实现经济、社会和环境的和谐发展。

### 5.5.4　节地设计

生态工业园区的土地资源高效利用体系由土地集约利用子系统和生态用地建设子系统构成。

（1）土地集约利用子系统

生态工业区作为区域工业的重要发展载体和经济增长极，在土地利用上应体现出一定程度的集聚效应，资金集聚程度、地均投资强度和产出率应远高于一般地区。因此，生态工业园区应增加对土地的投入，改善经营管理，挖掘土地利用潜力，不断提高工业园区土地利用强度和经济效益。可通过以下具体措施实现：

①合理规划园区、企业布局。

②积极探索"零土地技改"。

③严格执行项目准入制度。

④严格用地监管和项目验收。

⑤充分发挥地价杠杆作用。

⑥推广建设多层标准厂房。

（2）生态用地建设子系统

生态用地主要指生态工业园区中具有生态服务功能（例如维护生物多样性、改善园区环境质量、生态防护和隔离、休憩与审美等）的各类用地。

目前国内尚未有统一的分类标准。以发挥生态服务功能为第一要务，有学者将生态用地类型归结为三大类：林地、草地、水域及湿地。林地、草地、水域及湿地三大类型的分类方式清晰明了，可以有效地指导土地利用规划，对因地制宜建设生态用地具有很好的指导意义。

合理选择绿化模式应遵循的五条原则：

①工业园区的绿化建设应因地制宜，充分利用未建用地进行绿化，提高园区土地利用效率和产出率，扩大绿化空间。

②工业园区的绿化建设应根据功能区划分、建筑物分布等不同条件，配置成各种人工群落类型。

③工业园区的绿化建设要选择合适的物种，尽量选择本地物种，减少养护成本，降低生物入侵风险。

④工业园区的绿化建设要避免对土地的破坏。

⑤工业园区的绿化建设应尽量与生产相结合。

## 5.6　园区供电系统设计

园区级供电系统作为未来能源形式的主体之一，深化研究园区级供电系统在"双碳目标"下的减排潜力具有重要意义。多类型柔性负荷在园区级供电系统中存在巨大的潜在调度能力，极大的增强了需求侧灵活性，使负荷侧可以根据分时电价与碳排放机制，灵活选择用能需求，对园区内区域供电系统节能减排有着积极意义。

### 5.6.1 园区供电系统基础概念、架构及设备模型

多能互补系统的发展给我国的能源发展与变革、智能电网的建设带来了极大的促进，使电力系统变得更加智能、更加高效。由于园区中设备较多，各个设备之间参数不同，运行情况较为复杂，故而需要对各个设备进行特性分析，进而完成对整个系统的优化运行。本章对园区级供电系统进行简单的概述与结构分析，给出了风电机组、燃气轮机、电转气装置，为后续的算例仿真提供了基础。

构成园区型多能互补系统的主要有四大单元：能量生产单元、能量转换单元、能量储存单元以及能源消费单元。其中，能量生产单元包括光伏、风电等；能量转换单元包括燃气轮机、燃气锅炉、电制热机；能量储存单元在本书中主要是蓄电池和储热槽；能源消费单元包括园区内的电负荷热负荷等，其能量流动的框架如图5-3所示。

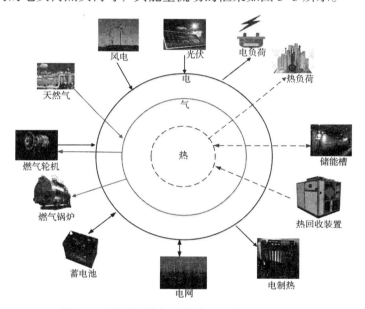

**图5-3 园区级供电系统基础设备能量流动图**

园区内的电负荷和电制热耗电主要由上级电网、光伏发电系统、风电发电系统，燃气轮机系统以及储能装置提供，热负荷主要由燃气锅炉、余热回收锅炉以电制热和储热槽提供，上级天然气网为燃气轮机和燃气锅炉供气。由于园区中设备较多，各个设备之间参数不同，运行情况较为复杂，故而需要对各个设备进行特性分析，进而完成对整个系统的优化运行。

新能源是指光伏、风电以及生物质能等可再生能源，新能源发电技术通过对新能源进行挖掘、利用，因此新能源所需成本一般是固定的。在园区供电系统内一般不考虑新能源发电的运维成本；同时，新能源具有排放少、清洁性高的特点，故尽可能的采用新能源发

电。本书主要考虑耦合单元、储能设备等可控电源的运行成本，参照容量辅助服务的市场上的容量价格；在园区供电系统计划中，要求有反应的灵活负载可以参加电力系统的补偿等。燃气涡轮机是一种新的热能发电装置，它不仅能够将电力输送到电力系统中，还能够将电能输送到电力网络中。燃气涡轮作为一种集成扩容技术，燃料使用方便，耗能低，在分布式、备用、尖峰负荷等方面得到了广泛的使用，尤其是城市商业区、郊区农村地区，它提供清洁可靠的电能，因而燃气涡轮机的发展潜力很大。

## 5.6.2　计及电转气与柔性负荷参与的园区级供电系统多能耦合运行框架

园区级供电系统以满足需求侧用户电、热等负荷需求为目标，由多种能源输入、多类型能源转换设备和耦合设备组成。本书构建的 PIES 如图 5-4 所示，整个园区的系统，不仅通过配电网络和管网提供电能，而且还配备了太阳能电池板和风扇，为整个园区提供电力，既节省了成本又节约了能耗。构成园区型多能互补系统的主要有四大单元：能量生产单元、能量转换单元、能量储存单元以及能源消费单元。其中，能量生产单元包括光伏（Photovoltaic，PV）、风电（Wind Power）以及上级电网（Grid）等。能量转换单元包括热电联产机组（Combined Heat and Power，CHP），内部设备包括：燃气轮机（Gas Turbine，GT）、燃气锅炉（Gas Boil，GB）；电制热机（Electric Heating，EB）、氢燃料电池（Hydrogen Fuel Cell，HFC）等；P2G 装置，包含：电解槽（Electrolytic Cell，EC）、甲烷反应器（Methane Reactor，MR）；能量储存单元在本书中主要是蓄电池、储热槽（Thermal Storage，TS）和储氢罐（Hydrogen Storage，HS）；能源消费单元包括园区内的基础电负荷、基础热负荷和柔性电负荷、柔性热负荷等。

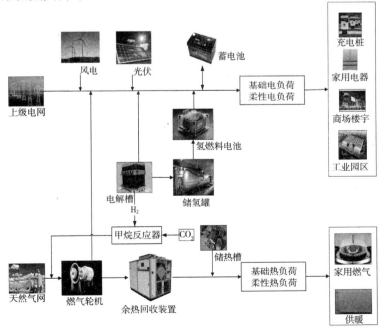

**图5-4　园区级供电系统耦合系统架构**

分布式能源为园区系统提供可再生清洁能源;通过甲烷发生器(MR)将电能转换成氢,或者通过 MR 将氢能转化成天然气,或者直接供应 HFC 用于制氢,从而降低能量的阶梯消耗,提高能量的利用率;燃气涡轮机是一种能源转化设备,它消耗了大量的气网天然气,将其转化成电能,通过废热回收装置将多余的热量输送到储热池中,再由存储设备储存能量,实现能源的时间转移;每个装置的操作过程中所产生的二氧化碳的吸收和排放,最后都是在碳交易市场上进行的。

### 5.6.3 考虑柔性负荷的低碳经济调度模型

根据园区未来 24h 内的负荷、风机和光伏的出力预测曲线,在满足系统运行约束条件的情况下,通过合理安排可控单元的出力来调度柔性负荷的转移、平移、削减或替代,辅助配合储能设备使得 IES 日运行综合经济成本最少。

(1)园区级综合能源系统内需求侧柔性负荷特性分析

柔性负荷的调度有利于减小负荷的峰谷差。按照参与柔性调节的能力可将柔性负荷分为三类:可平移负荷、可转移负荷和可削减负荷。

①可平移负荷:电力供应时间可以根据计划变化,需要进行总体的调整,电力消耗的时间可以跨多个调度周期。

②可转移负荷:各个时段的用电可以自由调整,但必须保证全期的总负荷量与转让之前的总负荷量一致。

③可削减负荷:能够经受某种程度的断电或降低功率、缩短运行时间的负载,按供求状况对其进行局部或完全削减。

④电热可替代型负荷:低电价时消耗电能,高电价时可直接消耗热能来满足用热需求,从而实现电能和热能的相互替代。

(2)阶梯式碳交易模型

碳交易机制由合法手段得到碳排放权,允许园区向碳交易市场出售碳排放权从而达到控制园区碳排放量的目地。首先,由监管部门向园区系统中每个碳排放源分配一定的碳排放配额,园区通过系统运行方式合理对配额进行生产与排放。如果实际的碳排量高于监管部门分配的碳配额量,那么需要购买多出的碳配额。反之,如果系统实际的碳排放量低于监管部门分配的碳配额量,那么可以向碳交易市场出售多余的碳排放权配额。阶梯式碳交易机制模型主要有三个部分:碳排放权配额模型、实际碳排放模型、阶梯式碳排放交易模型。

# 5.7 园区低碳发展的商业模式分析

## 5.7.1 严格招商准入,实现绿色屏障功能

招商部门应围绕园区"九大行动计划"和"3+5"产业发展规划,继续充分发挥载体

资源的优势，始终坚持"招大、引强、选优"的招商思路，不断创新招商理念，丰富招商手段。对新进企业项目严格实施能评与环评，强化招商龙头作用，从招商引资改为选资，从源头上切实筑起高能耗项目的"绿色屏障"。

对新进企业项目应在企业技术水平、能源及资源利用效率、污染物排放效率、环境管理和环境责任方面进行约束，严格实施固定资产投资项目、节能评审和环保"三同时"制度，把高能耗、高污染（"双高"）项目挡在区外，以提升其发展水平。在招商引资工作中，明确项目准入标准，在符合园区产业规划的基础上，尤其考核以下两方面的指标：①单位产值能耗不高于园区平均水平，且不高于行业标准；②项目用能不对园区总用能额度产生较大影响。在此基础上，制定详细的项目准入门槛，从源头上缓解工业能源消费增量压力，形成园区工业领域节能第一道关口。

强化招商龙头作用，认真分析节能环保产业发展趋势，找准招商突破口，将招商重点放在新能源、高新技术产业、现代服务业、节能环保等新兴产业上，加大对节能服务产业、新能源产业的引进力度，逐步打造具有园区特色的节能服务业创新平台建设。从招商引资向招商"选"资转变，推动转型升级，从源头上构筑起高能耗项目"绿色屏障"。

## 5.7.2　合理转移高能耗产业，鼓励新型产业发展

有序转移不符合园区产业规划和高能耗的项目。对能耗总量大、能源利用效率低、污染较严重、不符合园区产业规划的企业逐步实施产业转移计划。其中，园区推行的一个重要战略是同市政府合作，设立低碳工业园，不仅把园区成熟的经验整体输出，还为园区需要退出的产业和企业寻找到适宜的发展空间，加快了园区发展总部经济的进程，促进了园区的可持续发展。通过"一进一出"（严格把关新项目的准入并逐步转移高能耗高污染企业）的转变，严格控制园区内高能耗企业总数和能耗总量。

针对污染较为严重、能耗总量较高、利用效率较低的纺织、印染企业一方面实行严格的限制政策，另一方面，进一步制订搬迁计划，制订搬迁实施方案，对搬迁企业给予相应的资金扶持，引导其新增产能向低碳产业园转移。

对于产能规模较大且能耗水平和能耗总量较高的造纸及纸制品生产企业、供应园区内用电的电厂，以及能耗及碳排放总量较高但是经济效益可观的通信设备制造企业，鼓励其通过能源审计、节能改造、合同能源管理等多种形式实现节能降耗。此外，限制已有造纸企业及火电厂的规模扩大，并积极鼓励和引进通信设备制造项目。

积极鼓励高附加值、低排放、低能耗的产业及企业发展，包括通信设备、计算机及其他电子设备制造企业、电气机械及器材制造企业、通用设备制造企业、交通运输设备制造企业、专用设备制造企业以及仪器仪表及文化办公用品制造企业。对于能耗总量相对较高、附加值贡献度也相对较高的产业及企业，包括塑料制品生产企业、金属制品企业、医药制造企业以及橡胶制品企业，政府部门实行既定鼓励政策。

加快发展以纳米技术产业为引领，以光电新能源、生物医药、融合通信、软件动漫游戏、生态环保五大新兴产业为支撑的创新型经济，力争基本实现以传统制造业为主的产业

结构向以新兴产业为主的产业结构转型，实现以加工贸易为主的产业内涵向以创新型为主的产业内涵转型，实现以制造业为主的经济结构向以服务业为主的经济结构升级，实现以投资和出口为主导的发展方式向以消费为主导的发展方式转变。

### 5.7.3 加大能评推进力度，严格项目准入标准

对于园区内固定资产投资项目（含新建、扩建和改建项目），一方面做好环境影响评价工作，另一方面，严格执行《固定资产投资项目节能审查办法》（2023 年国家发改委第 2 号令），将能评作为项目核准、备案和审批的前置性条件。对于年综合能源消费量 3 000 t 标准煤以上（含 3 000 t 标准煤，电力折算系数按当量值），或年电力消费量 500 万 kW·h 以上，或年石油消费量 1000 t 以上，或年天然气消费量 100 万 m³ 以上的固定资产投资项目，明确要求项目主管部门单独编制节能评估报告书，在可行性研究报告或项目核准申请报告中必须包括独立节能篇（章）。对年综合能源消费量 1 000 ~ 3 000 t 标准煤的明确要求编制节能报告表。对于这两项以外的项目明确企业自行填写节能登记表。

明确要求企业在新建、改建或扩建固定资产投资项目时，应如实向审批主管部门申报项目能耗情况，将有利于从源头上抑制能耗过快增长。这对合理利用能源，提高能源利用效率，意义十分重大，是园区未来控制新增高能耗项目的重要举措和抓手。

响应园区"九大行动计划"和"3+5"产业发展规划，引导高新产业发展，促进产业高端化。明确项目是否符合国家、地方和行业节能设计标准及规范，项目用能总量、用能种类和结构是否合理，是否会影响园区总能耗量，单位能耗指标是否满足园区的现行值和节能指标目标值，项目准入全流程如图 5-5 所示。对于不符合园区产业发展规划、高能耗、低能效的企业项目一律不予引进。

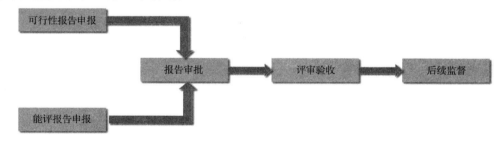

**图5-5 项目准入全流程**

在节能评估报告审查环节设立两条红线：一是项目产值能耗水平原则上不能超过园区规上工业单位产值能耗的平均水平；二是项目新增能耗总量不能给园区规上工业企业每年的能耗限额总量造成较大影响。工业园区一站式服务中心在负责项目节能评估报告书（报告表）审查申请的受理、节能登记表的备案登记、项目节能评审结果的批复环节，应加大相关业务人员的培训，努力提升相关工作人员的业务水平，严把审批的第一道环节。对此，园区经济贸易发展局循环经济促进处（以下简称"循环经济处"）应定期组织相关能评服务机构对一站式服务中心相关工作人员进行业务培训和工作绩效考核。此外，循环经济处

在负责项目节能评估报告书（报告表）的形式审查、委托评审、出具节能审查意见、后续监督检查工作过程中同样需努力提升自身业务水平，同时聘请具有相关资质的能评服务机构工作人员进行评审咨询，做到科学规范化评审。提高审批环节的工作质量，在一定程度上将极大弥补以往的工作漏洞。对未开展节能评估工作或节能审查未获通过的固定资产投资项目，项目审批、核准机关不得审批、核准，建设单位不得开工建设，已经建成的不得投入生产、使用。

项目通过评审后，在项目的投产运营中，明确要求能耗数据在线上传、上报，或由循环经济促进处定期委派工作人员（或第三方服务机构）对项目的能耗指标完成情况、节能措施落实情况进行核查追踪，并进行绩效评估。对不符合报告中上报能耗情况、未落实节能措施的项目责令整改，对整改期内还不能达标、落实的项目处以一定数额的罚款并进行信息公布，具体惩处措施由循环经济促进处进一步制定并完善。该部分工作参照已有项目节能监管的工作推进模式。

## 5.7.4　推进节能目标分解

针对园区现有的工业企业项目，结合工业领域节能工作成效、工作经验累积和工作不足分析，重点完善企业能耗监管模式，由引导为主转变为引导监管并重，从本质上改变重引导轻监管的"溺爱式"工作模式。未来，园区针对已有工业企业项目的节能工作推进模式如下图 5-6 所示。

图5-6　节能工作模式

针对已有工业企业项目，根据园区短期（一年）及中长期（五年）节能发展目标制定工业领域节能发展目标，并依据企业规模、行业性质、能耗情况、单位产值能耗等因素下达节能指标。在具体操作环节中，首先根据循环经济促进处已有数据累积将工业企业划分为能耗重点监管企业和一般监管企业，实施不同的节能指标下达模式。

当前，重点监管企业主要为年能耗在 3 000 t 标煤以上的企业，一般监管企业当前主要为 3 000 t 标煤以下的工业企业，对重点监管企业实施节能指标强制性下达，即责令其签订节能目标责任书，严格控制其能耗总量和单位产值能耗指标；对一般监管企业，仅要求其上报节能方案。随着后期节能工作进一步开展，进一步做好目标分解（分阶段目标）工作，2010 年统计结果显示当前园区有 800 多家规模以上工业企业，其中能耗在 5 000 t 标煤以上的有 29 家，能耗在 3 000 t 标煤以上的有 57 家，2 000 t 标煤以上企业 99 家，1 000 t 标煤以上企业 174 家，其余为能耗 1 000 t 以下企业。在节能指标下达的工作推进过程中，逐步将年能耗 3 000 t 标煤、2 000 t 标煤和 1 000 t 标煤以上企业列为能耗重点监管企业，具体安排参照当年工作进度及成效。

在下达节能指标后，明确企业节能任务，上报节能技改方案，并由一站式服务中心负责受理、循环经济促进处负责审批。针对中小企业节能专项资金申请困难、技术水平难以提升等困境，由循环经济促进处委托相关机构对企业能耗情况进行盘查、预估，并提出改造方案，后期一并提供资金帮助和技术扶持，全力推进园区中小型企业节能技改的积极性。

申报方案通过审核后，通过各种方式实现能耗数据上报汇总分析：①引进在线申报系统，实现数据在线上传、监测、分析；②由企业定期上报；③委托第三方机构对企业能耗进行盘查。分析能耗数据和企业节能措施的落实情况并进行企业节能绩效评估，建立监督考核机制并制定奖惩措施，对完成情况好的企业鼓励其申请节能技改专项资金，对超额完成节能指标的企业予以相应额度的资金奖励。

为保障节能指标下达工作的顺利推进，需要积极配合新上项目的能评工作，实现人力投入和技术共享，在政策保障方面需进一步出台相关管理办法，筹措资金，鼓励企业以合同能源管理模式开展节能改造，实现互惠共利。

## 5.7.5 推广节能增效新技术

针对园区能耗总量和工业单位产值能耗指标较高的行业（主要包括电力热力生产供应业、纺织业、造纸业、通信设备计算机及其他电子设备制造业等），重点监管的同时，鼓励企业技术创新，提高能源终端利用效率，参照目前各行业采用的节能技术进行技术改进。

电力与热力生产供应行业单位产值能耗最大，且能耗总量较大，一方面依靠技术革新，提高单位能耗的电力产出量；一方面进一步加快能源结构调整，减少煤电比重，增加天然气发电比重；此外，加大余热回收发电工程建设，继续推动发展新能源发电项目。

建筑业在建造过程中主要用电和成品油。当前，园区的建设活动相对以前有所缓解但其消耗的能源不容忽视。结合建筑全生命周期的节能监管工作，一方面加大开发建设活动的管理工作，适当限制开发活动的密度；同时在施工过程中积极秉承绿色建筑的节地、节材、节水、节能理念，并通过开展绿色施工工作，加大建筑废弃材料的回收利用，实现建筑业建设过程中的节能节材。

机械制造业是园区的三大主导产业之一，因其主导地位，能耗大。进一步加大重点企业的能效监管力度，推进节能改造和循环经济试点项目，加大能源审计工作的试点推广。

造纸业是园区的又一能耗主体，其能耗总量占据全年工业能耗的1/3左右，通过鼓励循环经济加快产业链的延伸，构建"林纸一体化"的造纸业经济发展模式，鼓励通过废旧制品回收再生产模式减少能耗和水耗。

通信设备和计算机制造业是当前园区两大主导产业中的一项，将作为园区重点发展产业，重点突破液晶面板、集成电路关键技术和产品，引进1~2条高世代面板生产线、1~2条12英寸及以上集成电路生产线，电子信息产业产值突破3 000亿元，成为最具国际影响力的全球电子信息产业基地之一。因此，在发展电子信息产业的同时，还应当注重能源终端利用效率的提升。一是推行绿色设计。首先，审查产品标准，对现行产品标准进行节能会审，按技术可行方案形成绿色标准体系，以引导技术开发方向；其次，支持节能新材料、新器件、新电路的开发，支持在整机设计中集成的各种软、硬件节能新技术。二是开发绿色制造。支持节能新工艺开发，支持对现有高耗能工序的节能技术改造。三是支持环保技术。支持对生产中燃油、燃气产生二氧化碳的回收处理及环保新技术开发。四是支持节能降耗。支持对电能消耗实施信息化管理，支持对高耗能原材料的节约利用。

## 5.7.6　推进能源第三方服务

能源第三方服务包括能源审计、清洁生产审核、能源管理体系认证和"能效之星"认证等。通过全方位推进能源测评、管理、认证等第三方服务工作，将帮助用能单位及时分析掌握本单位能源管理水平及用能状况，排查问题和薄弱环节，挖掘节能潜力，寻找节能方向，其本质就在于实现能源消耗的降低和能源使用效率的提高。

为进一步推进企业节能工作，经济贸易发展局需进一步加大《工业园区节能专项资金管理暂行办法》的宣传与推行力度，进一步推动节能评估介绍会的召开，向园区各招商企业就固定资产投资项目的节能评估和审查做政策介绍和项目说明；继续推动清洁生产审核启动工作会议的开展，向园区有意开展清洁生产审核的企业传达相关程序和政策；继续将5 000 t耗能企业能源审计延伸至年耗能3 000 t标准煤以上的工业企业，进一步挖掘工业企业节能潜力，逐渐实现3 000 t重点耗能企业能源审计全覆盖。同时，拓宽节能管理空间，从侧重高能耗企业和单位的能源审计工作，逐步扩展到所有规上工业企业的审计。在能耗3 000 t标煤企业的全覆盖基础上，逐步开展2 000 t标煤、1 000 t标煤以上能耗企业的能源审计工作。

## 5.7.7　建立能源信息监管平台

园区统计局、经济发展贸易局等有关部门应加快园区能源供应和能源消费信息双向监管，从规上工业能耗统计，逐步扩展到包括规下工业企业在内的所有工业领域能源信息统计，做到全面化、精细化、多元化。在能源信息管理手段上，突破传统能源审计模式，综合推进能源在线监测、鼓励企业自行上报及委托第三方机构盘查等多种方式并存，实现多元化信息监管模式。参照公共建筑能耗监测平台的运作模式，建设园区工业能耗在线上报监测系统，制定并完善工业企业能耗数据上报机制，实现对工业能耗数据的定期追踪、科学把握，减少后期统计工作。

针对园区前期能源管理工作中的不足，后期将成立能源管理中心，主要负责能耗数据的搜集、汇总和前期处理工作。主要对园区工业建筑交通用电、热力、天然气、原煤、成品油数据进行统计。电力数据统计主要通过在各工业企业、建筑主体中安装用电监测探头，实现与其他电力数据监测系统功能（例如建筑能耗监测平台建设试点工作）兼容，通过引入市场化机制，将相关工作委托节能服务公司；热力数据主要由蓝天热力供应公司定期上报；天然气数据主要由港华供气公司等定期提供；成品油数据主要由中石油、中石化和中石化壳牌等主要加油站提供。

随着能源管理机制的进一步完善，能源审计及清洁生产审核工作将作为能源信息统计和节能改造的辅助手段，园区更多将借助于能源数字信息平台的搭建，实现能源数据实时在线监测。

# 5.8 园区碳足迹分析与计算

## 5.8.1 碳足迹的基本概念

（1）碳足迹的基本概念和意义

碳足迹是衡量个人、组织或产品生命周期中温室气体排放量的量化指标，主要包括直接排放（如燃料燃烧产生的二氧化碳）和间接排放（如电力消耗、供应链排放等）。碳足迹的计算和评估有助于评估个体或组织对气候变化的贡献，从而引导行为、管理和政策，以减少温室气体排放，实现低碳发展。

（2）碳足迹在低碳工业园区设计中的重要性

环境影响评估：低碳工业园区设计需要进行全面的环境影响评估，包括碳排放情况。通过计算碳足迹，可以了解园区各个环节的温室气体排放情况，为环境影响评估提供重要的数据支持。

制定减排策略：了解园区的碳足迹有助于制定有效的减排策略。通过识别碳排放的主要来源和高排放环节，园区可以有针对性地采取措施，降低碳排放水平，实现可持续发展目标。

（3）碳足迹计算与评估方法

生命周期分析（LCA）：一种常用的碳足迹计算方法，涵盖了产品或组织整个生命周期的碳排放，包括原材料生产、生产过程、使用阶段和废弃处理等。

标准化计算方法：针对不同行业和组织，建立了一系列的碳足迹计算标准和方法，如ISO 14064、GHGProtocol等，它提供了统一的计算指南和标准。

（4）碳足迹的重要数据

园区电力消耗是主要的碳排放来源之一。通过监测和记录园区的电力消耗情况，可以有效评估碳足迹。生产过程排放也是重要的碳排放来源。监测和分析生产过程中的碳排放量，有助于识别可优化改进的空间。

（5）碳足迹的可持续管理

数据监测与追踪：建立碳排放数据监测系统，对园区的碳排放情况进行实时监测和追踪，及时发现问题和异常。

制定减排策略：根据碳足迹评估结果，制定科学合理的减排策略，通过采取节能减排、技术更新等措施，降低园区的碳排放水平。

在低碳工业园区设计中，了解和评估园区的碳足迹是至关重要的。通过全面计算和评估碳足迹，可以为园区制定减排策略、优化资源配置、提升企业形象和环保责任感提供重要依据。因此，建议在园区设计阶段充分进行碳足迹管理与评估，促进园区的可持续发展和低碳经济的实现。

### 5.8.2　碳足迹计算方法

随着全球气候变化和环境保护意识的增强，对园区碳足迹的计算和管理变得愈发重要。

（1）生命周期评价方法

生命周期评价（Life Cycle Assessment）是一种全面评估产品、服务或活动在其整个生命周期内对环境的影响的方法，包括生产、使用和废弃等阶段的碳排放计算。

（2）排放因子法

排放因子法是一种基于统计数据和标准排放因子的计算方法，通过对不同活动或过程的排放因子进行加权平均，得出碳排放量。

（3）输入产出法

输入产出法是一种基于经济活动和生产过程之间的关系进行碳排放计算的方法，它通过对经济活动的直接和间接碳排放进行追踪和计算。当它受到经济活动数据的限制时，可能存在数据不确定和出现偏差的问题。

（4）应用情况

在园区碳足迹计算中，生命周期评价方法被广泛应用于对园区活动、产品或服务的全面评估，尤其是对于具有明确生命周期阶段的产品生产。排放因子法常用于初步评估和快速计算，适用于对园区整体碳排放水平进行估算。输入产出法则常用于对园区产业链、供应链的碳排放进行跟踪和分析，有助于识别关键环节和节能减排潜力。

不同的碳足迹计算方法和模型各有优缺点，应根据园区特点、数据可用性和计算目的选择合适的方法。在实际应用中，通常采用综合利用多种方法的方式，以获取更加全面和准确的碳排放数据，为园区的低碳发展和减排策略制定提供科学依据。随着技术和数据的不断完善，园区碳足迹计算方法和模型也将不断演进和提升。

### 5.8.3　排放源分类与评估

园区碳足迹是指园区内各种活动和过程所产生的温室气体排放量的总和，是衡量园区对气候变化的贡献的重要指标。

（1）工业生产

工业生产是园区碳排放的重要来源之一，主要排放来自工业过程中的能源消耗和原材料转化过程中的化学反应，这包括工业生产设备的能源消耗、燃料燃烧产生的二氧化碳等。

（2）能源消耗

园区的能源消耗也是碳排放的主要来源之一，包括电力消耗、燃气消耗等。园区内的生产活动、生活用电、供暖等都会消耗大量能源，导致相应的碳排放。

（3）交通运输

交通运输是园区碳排放的重要组成部分。园区内的汽车、卡车等交通工具的使用都会产生相应的碳排放，尤其是对于大型工业园区或商业园区而言，交通运输的排放较大。

（4）园区建筑

园区建筑的建设、运营和维护也会产生碳排放，主要包括建筑材料的生产、建筑施工过程中的能源消耗、建筑设备的运行等，这些都会对园区碳足迹产生影响。

（5）排放源的评估

针对不同的排放源，可以采用生命周期评估等方法来评估其碳排放量和贡献程度。通过对园区各个排放源的详细调查和数据分析，可以量化不同排放源的碳排放量，并评估其对整体碳足迹的贡献程度。

园区碳足迹的排放源涉及工业生产、能源消耗、交通运输、园区建筑等多个方面。针对不同的排放源，需要采取相应的减排措施，降低园区的碳排放水平。通过对园区碳足迹排放源的分析和评估，可以为制定有效的碳排放管理和减排策略提供科学依据，推动园区向低碳、可持续发展方向迈进。

### 5.8.4　碳排放影响因素的分析

园区碳排放是指园区内各种活动和过程所产生的二氧化碳等温室气体的排放量，园区碳排放的主要影响因素涉及产业结构、能源结构、技术水平、管理水平等方面。

（1）产业结构

园区的产业结构直接影响着碳排放水平。传统重工业和高碳产业所产生的碳排放较多，而清洁能源、新能源等低碳产业则碳排放较少。

①影响机制：产业结构决定了园区内不同行业的能源消耗和生产过程中的碳排放量。

②调控策略：优化产业结构，鼓励低碳产业发展，减少高碳产业比重，推动园区向低碳发展方向转型。

（2）能源结构

园区的能源结构直接影响着能源消耗和碳排放水平。依赖化石能源的园区碳排放量较高，而依赖清洁能源的园区碳排放量较低。

①影响机制：能源结构决定了园区内能源消耗的种类和比例，直接影响着碳排放量。

②调控策略：促进清洁能源利用，发展可再生能源，降低对化石能源的依赖程度，推动园区能源结构向低碳化方向转变。

（3）技术水平

技术水平直接影响着园区生产和能源利用的效率，进而影响碳排放水平。先进的生产技术和能源利用技术可以降低能源消耗和碳排放。

①影响机制：先进技术能够提高生产效率，降低能源消耗，从而减少碳排放。

②调控策略：鼓励园区引进和推广先进的清洁生产技术和能源利用技术，提高资源利用效率，降低碳排放水平。

（4）管理水平

园区的管理水平直接影响着资源利用效率和碳排放控制的能力。高效的管理可以提高资源利用效率，减少能源浪费，从而降低碳排放。

①影响机制：良好的管理能够规范生产活动，优化资源配置，有效控制碳排放。

②调控策略：完善园区管理体制，加强碳排放监测和管理，建立科学合理的碳排放核算体系，提高碳排放控制的能力。

园区碳排放受到产业结构、能源结构、技术水平和管理水平等多个因素的影响。要有效控制园区碳排放，需要从优化产业结构、调整能源结构、提高技术水平和加强管理水平等方面入手，综合运用各项调控策略，推动园区向低碳发展的目标迈进。在政策、技术和管理方面的综合作用下，可以有效降低园区碳排放，促进园区的可持续发展和生态环境保护。

### 5.8.5　国际标准与经验借鉴

园区碳足迹计算是衡量园区对气候变化的贡献的重要指标之一。国际上已经形成了一系列园区碳足迹计算标准和方法，各国和地区也积累了丰富的碳足迹分析经验和案例。

（1）国际常用的园区碳足迹计算标准和方法

① GHG 协议标准。GHG 协议是国际上碳排放核算的标准之一，其"企业会计与报告标准"（Corporate Accounting and Reporting Standard）也可用于园区碳足迹计算。

② ISO 14064 标准。ISO 14064 是国际标准化组织制定的温室气体管理与核算标准，其第 3 部分可用于园区碳足迹计算，包括温室气体排放核算和报告要求。

③ PAS 2050 标准。PAS 2050 是英国标准协会制定的产品碳足迹评价标准，可以应用于园区碳足迹计算，其方法较为全面，包括直接和间接排放的计算。

（2）国际碳足迹分析经验和案例

①美国硅谷园区。美国硅谷园区是全球知名的科技产业集聚地，其在碳足迹分析方面积累了丰富的经验。通过利用先进的碳足迹计算方法，有助于推动园区企业减少碳排放，提高资源利用效率。

②荷兰绿色园区。荷兰的一些绿色园区在碳足迹管理方面取得了显著成效。通过引入清洁生产技术和可再生能源利用，荷兰的绿色园区成功降低了碳排放，实现了可持续发展。

（3）借鉴与发展

我国在园区碳足迹计算和管理方面还存在一定的差距，需要借鉴国际先进经验，加强标准制定和方法研究，推动我国低碳园区建设的发展。

园区碳足迹计算标准和方法的国际化和标准化是推动全球碳排放管理和减排的重要举措。我国应积极参与国际合作，学习借鉴国际先进经验，加快推进园区碳足迹计算和管理工作，为我国低碳发展做出更大的贡献。

## 5.9　园区碳达峰及碳中和实现路径

园区是碳排放的主体，也是落实碳中和目标的主体。为推动工业互联网园区的资源高效利用和绿色低碳发展，园区应通过碳盘查、碳核查、碳交易、碳改造、碳评价等管理流程推进全面深度减排，实现园区数字化低碳转型（图5-7）。

图5-7 双碳园区碳排放闭环管理

## 5.9.1 碳排查

为实现绿色节能减排，园区需主动开展碳盘查活动，即计算园区以及园区内企业，在某一时间段内（通常是一年），自身在社会和生产活动中各环节直接或者间接排放的温室气体。通过摸清园区碳排放现状，诊断碳减排潜力，实现对园区生产、业务等全流程的碳排放的具体、可量化的统计，进而找到其中可以进行减排的空间，制定园区双碳目标和实施路径。碳排查的具体步骤如表5-1所示。

表5-1 碳排查步骤

| 步骤 | 内容 | 服务流程 |
|---|---|---|
| 一 | 项目全面性与可行性评估 | 对拟实施碳盘查的园区进行评，判断项目实施的可行性与发展情况 |
| 二 | 盘查边界的设定 | 根据评估结果，视情况采用控制权法或股权比例法界定组织边界；实现对运营边界三个范畴的界定（包括直接排放与移除、能源间接排放、其他间接排放）；根据温室气体管理方案和企业自身的管理目标确定拟盘查的范畴 |
| 三 | 基准年的设定 | 选择并设定基准年，完成基准年的盘查清册；并且在特殊情况下，设定基准年的再计算程序 |
| 四 | 温室气体排放源的认定与鉴别 | 由熟悉设备设施、工艺反应和使用物料的专家对企业运营边界内产生以下六种温室气体的排放源进行调查和识别：二氧化碳（$CO_2$）、甲烷（$CH_4$）、氧化亚氮（$N_2O$）、氢氟碳化物（HFCs)和全氟碳化物（PFCS） |
| 五 | 温室气体量化计算 | 在完成排放源的定性调查后，针对已识别的排放源逐一进行量化计算，量化的方法有排放因子法、物料平衡法等；不同计算方案的精度、所需成本与运作难度不同，可根据企业自身情况与实际需求选择 |
| 六 | GHG清单的编制 | 对各种排放源类别以及总排放量等数据进行汇总，利用相关工具建立企业温室气体盘查清册，作为企业公开内部温室气体排放信息的依据；通过设定相应排放因子，计算出每种温室气体的直接温室气体排放量；温室气体移除量；能源间接温室气体排放量；其他间接温室气体排放量；源自生质燃烧的直接$CO_2$排放量并形成温室气体盘查清单 |
| 七 | 数据与信息品质管理 | 帮助园区建立并维持温室气体信息管理程序，进行不确定性评估，确保其与相关温室气体盘查原则与标准的吻合性；保留并维持温室气体盘查清册的设计、发展与维持的佐证文件，以便进行查证 |

| 步骤 | 内容 | 服务流程 |
|---|---|---|
| 八 | 盘查报告书的制作 | 完成盘查并形成盘查清册后，将企业整体盘查过程与步骤予以文件化进行管理，制作符合ISO 14064-1标准的盘查报告书 |
| 九 | 内部查证与高层评审 | 确认温室气体排放源；确认排放量计算结果；协助企业高层评审，达到持续改善目标；由管理层根据整体盘查结果与内外形势变化，评估是否达成持续改进的承诺 |
| 十 | 外部查证（必要时） | 在园区内企业达成持续改进承诺时，协助企业应对外部DOE查证，协助企业进行不符合项的整改，以期获得温室气体排放查证的证明 |

### 5.9.2　碳交易

全国碳排放权交易市场是工业园区减少碳排放、实现绿色转型需求的重中之重。作为减少碳排放的方式中最有效的市场化手段，碳市场将促使园区内企业在碳价格信号的引导下，自主选择主动减排或购买排放权额度，进行碳减排融资。同时，碳交易也能够解决企业碳减排和发展低碳技术的融资问题。碳交易市场的建立，有助于从市场化的角度提升园区内绿色低碳项目和技术的经济价值，促进企业向绿色低碳生产方式转型，对于实现碳达峰、碳中和目标具有重大的推动作用。

碳排放权交易的实质就是以市场手段对企业的碳排放额度进行调配。经当地发改委核定，企业会取得一定时期内排放温室气体的配额。当企业实际排放量超出配额时，超出部分须花钱购买；当企业实际排放少于配额，结余部分可以结转使用或者对外出售。根据生态环境部《碳排放权交易管理办法（试行）》的规定，我国碳市场可以分为强制性的配额交易市场和中国核证自愿减排量（CCER）市场，碳市场交易以配额交易为主，以 CCER 自愿交易为重要补充。

碳市场交易具体流程如下：

（1）配额数据基础

《碳排放权交易管理办法（试行）》规定，重点排放单位根据温室气体排放核算与报告技术规范，编制上一年度的温室气体排放报告，并于每年 3 月 31 日前报省级生态环境主管部门。省级生态环境主管部门组织开展对重点排放单位温室气体排放报告的核查，并将核查结果告知重点排放单位。

（2）配额核定发放

生态环境部根据国家温室气体排放控制要求，综合考虑经济增长、产业结构调整、能源结构优化、大气污染物排放协同控制等因素，制订碳排放配额总量确定与分配方案。

（3）配额权属确定

全国碳排放权注册登记系统记录的信息是判断碳排放配额归属的最终依据。

（4）配额清缴履约

《碳排放权交易管理办法（试行）》规定，重点排放单位应在生态环境部规定的时限内，向分配配额的省级生态环境主管部门清缴上一年度的碳排放配额。重点排放单位每年可以使用国家核证自愿减排量抵销碳排放配额的清缴，抵销比例不得超过应清缴碳排放配额的 5%。园区管委会应经过碳达峰碳中和相关内容培训，结合自身能源资源禀赋，发挥集群产业链优势，在政府相关部门和企业之间搭建桥梁，使市场化手段和政策性指导在低碳领域深度结合，为企业碳交易服务。园区要扶持企业充分运用市场化手段，构建企业内部及企业之间的循环经济产业链，实现生产过程耦合和多联产，最大限度地降低园区的物耗、水耗和能耗，提高园区的资源产出率。

### 5.9.3  碳改造

聚焦提升能效利用水平，园区可通过下列措施实施节能降碳改造：

（1）强化园区绿色发展顶层设计

制订园区双碳目标和实施路径，谋划重点项目，以项目化推动方案落地实施，重点策划一批有利于推动园区经济、能源、产业等绿色低碳转型发展应用示范工程。

（2）制订园区"碳达峰、碳中和"创新与实践路径

工业互联网双碳园区是一个整体性的概念，要想实现园区"碳达峰、碳中和"的建设目标，必须要对园区规划、空间布局、基础设施、生态环境、运行管理等进行系统性考虑，围绕产业链设计、能源利用和资源利用，系统性统筹考虑企业生产、楼宇建筑、园区交通等各个方面的直接或间接碳排放，并嵌入"碳中和"技术和相关配套设施。主要路径包含：构建低碳绿色产业体系，推进园区企业循环式生产、产业循环式组合，构建园区的双循环发展格局；构建清洁能源利用体系，搭建配套基础设施；推动园区绿色建筑升级，落实零碳建筑项目示范建设；打造固废资源循环体系；建设工业互联网双碳园区管理体系，包括能源动态管理、能源申报管理平台、碳排放监测交易平台、新型基础设施等；推动园区低碳技术创新，推进绿色技术成果转化应用；创新园区绿色金融服务，创新绿色金融产品；树立低碳运营服务理念等具体措施实现全方位节能。

（3）园区"碳达峰、碳中和"重点项目实施

制定园区重点实施项目清单，通过碳评估、碳减排、碳监测、碳科普、碳普惠等项目，定量评估园区碳收支，助力园区实现碳中和目标。

### 5.9.4  碳评价

园区可综合通过政策分析、碳核查结果、资料收集、工程分析等流程，对园区实施低碳转型前后碳排放情况进行纵向对比，与所在区域、行业（产品）进行横向对比，评价园区低碳改造项目实施前后的二氧化碳排放水平，分析碳减排潜力；分析园区碳排放强度考核目标可达性；提出建设工业互联网双碳园区项目碳排放环境影响评价结论。

园区碳评价分为以下几个步骤：

①评估园区建设项目碳排放方案与国家、地方和行业"碳达峰、碳中和"相关法律、法规、政策、规划、评价模型等的相符性。

②开展园区碳排放现状调查，识别园区二氧化碳排放源和温室气体种类，收集各个发、排放活动水平数据；确定碳排放评价基准。

③明确园区二氧化碳核算边界和产生节点；开展园区碳减排措施可行性论证，从环境、经济、技术可行性等方面开展碳减排措施可行性评估，并进行污染治理措施方案比选；核算项目实施前后的二氧化碳产生、排放量和排放绩效。

④开展碳排放评价：分析园区内实施项目对碳排放强度考核目标可达性的影响程度；核算园区内拟建设项目碳排放量占市区年度碳排放总量占比，分析对地区碳达峰峰值的影响程度。

⑤提出园区碳排放控制措施和管理要求，明确园区各个流程要落实节能、减排、节本、增效；制订园区碳排放监测、报告和核查工作计划。

根据以上步骤的分析结果进行概括总结，并结合园区所在区域的双碳行动方案、地区碳排放强度下降目标等，给出园区建设项目碳排放水平是否可接受的结论。

### 5.9.5　碳核查

碳核查是企业碳排放配额清缴的重要手段，即第三方机构针对重点排放单位（温室气体排放量达到 2.6 万 t 二氧化碳当量及以上）提交的温室气体排放报告进行核查，是参与碳交易的必要前置工作。通过碳排放核查，可以准确评估园区的温室气体排放量，有助于园区建立温室气体排放管理体系，对重点排放环节的碳排放进行有效管理。

碳核查的主要步骤包括签订协议、核查准备、文件评审、现场核查、核查报告编制、内部技术评审、核查报告交付及记录保存等步骤。然而，传统的碳核查方法存在一些弊端，一方面碳核查数据质量较差，即由于原始数据采集不规范、测量数据对应不一，导致碳核查过程中数据的真实性、准确性、完整性无法保证；另一方面，碳核查数据滞后严重，公开数据显示，碳核查数据平均滞后时长为 1～1.5 年，数据对减排治理的指导性十分有限，且治理的效果反馈不及时。因此，园区急需实时性强、有公信力的碳排放数据采集和实时监测能力建设。

碳核查准确度和效率需要进一步提升。虽然生态环境部《企业温室气体排放报告核查指南（试行）》对核查的原则、核查程序和要点作出了详细的指导，但是现有碳核查体系中的核查基础数据仍存在较大不准确性。一是原始数据采集不规范，例如数据记录、统计、计算过程严重依赖人工，存在计算错误、篡改数据等风险。二是测量数据对应不一，核算中要求低位发热量的测量与燃料的称量针对同一批次燃料。实际核查仅能查阅企业的纸质测量记录，无法判定企业是否测量及测量结果是否对应。

针对以上问题，园区可通过数字化手段打造园区级动态碳核查体系，采用精准数据采集设备，并结合标识解析、区块链、大数据以及在线计量、在线审计等技术，实现碳数据采集、分析和计算的真实性、实时性和准确性。

思考题

1. 低碳园区生命周期管理分为哪几个环节？每个环节的核心要素是什么？
2. 低碳工业园区集成化设计技术有哪些？集成化技术的发展趋势是怎样的？

3. 讨论二氧化碳捕集、利用与封存（CCUS）技术在低碳制造行业的应用前景与挑战。

4. 请阐述低碳园区设计在建筑、施工和环境等方面的设计重点。

5. 什么是工业园区的供电系统？其特点和设计重点体现在哪些方面？

6. 低碳工业园区发展的商业模式有哪些？

7. 什么是低碳园区的综合能源系统？其特点和服务对象有哪些？

8. 低碳工业园区实现碳中和的途径有哪些？

9. 请思考低碳工业园区的评价标准以及对低碳园区发展的影响因素。

# 参考文献

[1] 曾浪. 智慧园区工程项目全生命周期管理平台系统研究 [J]. 绿色建筑, 2019, 11（1）:26–28.

[2] 郑非凡. 考虑生命周期碳足迹的综合能源系统低碳运行优化研究 [D]. 北京：华北电力大学, 2023.

[3] 孙铭, 王田松, 白海龙, 等. 基于全生命周期碳中和的零碳产业园区设计策略研究——以唯石循环再生新材料产业园项目为例 [J]. 建筑与文化, 2024（3）:281–283.

[4] 刘金朋, 郭霞, 辛诚, 等. "双碳"目标下产业园项目全生命周期碳减排路径研究 [J]. 建筑经济, 2023, 44（11）:22–26.

[5] 吴志坤, 浮广明, 郑思琪, 等. 浅谈建筑节能技术 [J]. 砖瓦, 2020（7）:96–97.

[6] 肖李. 未来需要什么样的建筑材料环保新型 [J]. 建材工业信息, 1999（5）:24.

[7] 康艳兵, 马志永. 建筑节能领域可再生能源的利用方式 [J]. 中国能源, 2002（6）:37–40.

[8] 建设部、财政部关于推进可再生能源在建筑中应用的实施意见 [J]. 上海建材, 2006（5）:6–8.

[9] 罗舟. 浅议住宅建筑与节能设计的优化 [J]. 山西建筑, 2007（4）:245–246.

[10] 朱丽, 曹梦莹, 刘瑞杰. "双碳"目标下煤炭资源型城市能源转型评价与障碍因子 [J/OL]. 环境科学, 2024：1–14[2024–04–24].http://doi.org/10.13227/j/hjkx.202310201.

[11] 谢亚. 企业生命周期视角下产业园区工业用地管控策略研究 [D]. 南京：东南大学, 2018.

[12] 徐毅. 工业园区环境保护管理存在的问题及治理对策浅析 [J]. 皮革制作与环保科技, 2024, 5（2）:125–127.

[13] 崔萍, 张来伟, 李骥, 等. 工业园区综合能源系统评价及碳排放核算研究综述 [J]. 山东建筑大学学报, 2024, 39（1）:126–134.

[14] 张卫. 面向工业园区能源互联网的标准化数据采集技术研究及应用 [D]. 西安：西京学院, 2023.

[15] 王谦, 王斌, 刘翔. 零碳交易下工业园区综合能源系统优化配置 [J]. 浙江大学学报（工学版）, 2023, 57（11）:2294–2304.

[16] 刘建鹏，苏锋，甄梅楠．工业园区分布式冷热电能源系统规划 [J]. 自动化应用，2024,65（1）:93–95，98.

[17] 刘晓浒．园区微电网中电动汽车的能量——计算资源调度技术研究 [D]. 北京：北京邮电大学，2023.

[18] 王少南．绿色建材在国内外的发展动向 [J]. 新型建筑材料，1999（7）:34–37.

[19] 查兵兵，张舒，项文新．数字化转型背景下工商档案服务实现路径研究——以苏州工业园区为例 [J]. 山西档案，2023（3）:168–175.

[20] 孙成．苏州某工业园区能源系统碳中和研究 [J]. 节能与环保，2022（3）:32–34.

[21] 滕双权．园区综合能源系统协调经济调度 [J]. 电工材料，2024（2）:87–90.

[22] 李映雪．绿色建筑发展存在问题及对策研究 [D]. 北京：北京建筑大学，2017.

[23] 朱世哲，杨红亮，卫严，等．苏州工业园区绿色施工推行和实践研究 [J]. 江苏建筑，2014（4）:51–53.

[24] 徐毅．工业园区环境保护管理存在的问题及治理对策浅析 [J]. 皮革制作与环保科技，2024，5（2）:125–127.

[25] 陆铌．浅析绿色建筑项目中雨水回收系统规划方案——以苏州工业园区档案管理中心为例 [J]. 资源节约与环保，2014（10）:71–73.

[26] 栾冰．基于改进支持向量机的工业园区节能减排效果综合评价研究 [J]. 低碳世界，2024,14（3）:37–39.

[27] 王亮清．关于工业建筑结构设计中节能与节材的思考 [J]. 中国环保业,2023（5）:65–67.

[28] 肖阳，姚德波，史逊，等．扬州市江都区制造业企业土地集约利用的思考与建议 [J]. 中国集体经济，2024（11）:62–65.

[29] 陈逸珲，刘怀远，吴军，等．考虑绿色化工的工业园区微电网多层规划方法 [J]. 电网与清洁能源，2024，40（3）:119–127.

[30] 陈梅，黄言秋，孙建飞，等．长三角生态工业园区绿色低碳发展评价 [J]. 环境污染与防治，2024，46（3）:360–366.

[31] 李加云．浅析工业园区规划环评碳排放评价要点 [J]. 皮革制作与环保科技，2024，5（3）:199–201.

[32] 何承天，董廷尉，王彩虹，等．节水型工业园区评价体系分析 [J]. 染整技术，2024，46（1）:1–8.

[33] 程一鸣，孙璇，潘志勇，等．江苏省典型工业园区碳排放核算及低碳路径发展现状 [J]. 环境监测管理与技术，2023，35（6）:1–4.

[34] 刘庆澳，张立秋，冀云卿，等．"双碳"目标下工业园区低碳发展水平评价研究——以华东地区 A 园区为例 [J]. 环境工程技术学报，2024，14（2）:379–388.

# 第6章 低碳工业园区能源互联网系统

**本章导读**

本章从园区能源互联网、园区能耗审计、监控与分析，风、光、热、储多能互补系统，园区多能互补系统，园区光伏及并网接入，园区主要节能技术，园区能源互联网综合监控系统，园区电动汽车充电与电网互动系统，园区碳排放监控等方面，探讨如何通过构建能源互联网系统实现工业园区的低碳化目标。

## 6.1 园区能源互联网

2016 年国家发改委、国家能源局联合发布了《关于推进"互联网+"智能源发展的指导意见》，提出了未来 10 年中国能源互联网发展路线图，标志着能源互联网从概念转向设计实施阶段。2022 年进一步印发了《关于推进电力源网荷储一体化和多能互补发展的指导意见》，鼓励以技术突破和机制创新为支撑，构建源网荷储高度融合的新型电力系统发展路径。在此期间，国务院、国家发改委和工信部等部门陆续印发多个支持和规范能源互联网行业发展的相关政策，内容涉及标准体系、工作路线、实施方案等方面，推动了能源互联网向实体的落地布局。建立能源互联网综合效益评价体系，并对能源互联网建设成熟度进行评价，能够量化能源互联网综合效益水平，指导未来能源互联网发展方向。能源互联网园区项目作为一项创新的能源发展模式，旨在实现能源系统的智能化、高效化和可持续发展。随着全球对清洁能源和碳减排的需求不断增长，能源互联网园区项目逐渐成为推动能源转型的重要策略。

### 6.1.1 基本概念

园区能源互联网是指利用先进的信息通信技术和能源技术，将一个园区内的各种能源设备、能源生产者和能源消费者有机连接起来，形成一个智能化、高效的能源管理系统。它是以园区为单位建立的能源供应与需求的联合体系，通过将园区内的能源生产、存储、转换和消费等各个环节进行有机整合和协同运作，实现能源的高效利用、优化分配和可持续发展。

园区能源互联网的核心理念是"多能互补、智能调控、安全高效、可持续发展"。通过实现能源的互联互通，最大限度地提高园区能源利用效率，降低能源消耗成本，减少环境污染和碳排放。园区能源互联网以实现低碳、清洁、高效的能源供应为目标，为构建绿色、可持续的城市和园区提供重要支撑。

园区能源互联网不仅是一个简单的能源供应系统，更是一个融合了先进技术、管理理念和政策支持的综合性能源管理平台。它将先进的信息通信技术、智能控制技术和清洁能源技术有机结合，实现了园区能源的高效利用和可持续发展。

园区能源互联网的发展具有重要的战略意义和广阔的应用前景。随着人们对能源安全、环境保护和可持续发展的日益关注，园区能源互联网将成为未来能源供应的重要模式之一，园区能源互联网将不断完善和创新，促进能源供应、消费方式的转型升级，推动园区的可持续发展。

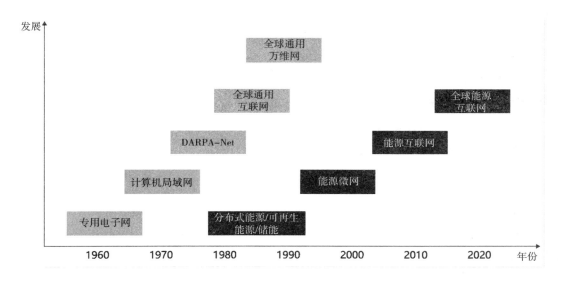

图6-1　能源互联网发展历史

## 6.1.2　组成要素

园区能源互联网系统是一种基于先进的能源技术和信息通信技术，以及智能化管理手段构建起来的能源管理系统。它旨在实现园区内能源的高效利用、资源的共享和互补，以及对能源的智能化管理和控制。要深入理解园区能源互联网系统的运作原理和实现方式，首先需要探讨其组成要素，即系统中涉及的各个环节及其功能与作用。园区能源互联网系统包含能源生产、能源转换、能源传输、能源储存、能源利用等组成要素，下面将逐一介绍。

### 6.1.2.1　能源生产

能源生产是园区能源互联网系统的首要环节，其目的是通过各种可再生能源或传统能源的获取，满足园区内各个单位和设施的能源需求。主要的能源生产方式包括太阳能光伏发电、风能发电、水能发电、生物质能发电等。这些能源生产方式通过将自然资源转化为可利用的能源，为园区能源互联网系统提供基础能源支持。

①太阳能光伏发电：通过太阳能电池板将太阳能转化为电能，成为园区能源互联网系

统的重要的清洁能源之一。

②风能发电：利用风力发电机将风能转化为电能，提供了园区内另一种可再生能源选择。

③水能发电：如果园区周边有水资源，水能发电也是一种常见的能源生产方式，通过水力发电站将水能转化为电能。

④生物质能发电：利用生物质如木材、秸秆等燃烧或发酵产生热能或沼气，进而发电。

#### 6.1.2.2　能源转换

能源转换环节将能源从原始形式转化为适用于园区内各类设备和终端设施的形式，以满足不同能源的需求。主要的能源转换方式包括电能转化、热能转化和化学能转化。

①电能转化：将各种能源转化为电能的过程，包括太阳能光伏板将太阳能转化为直流电，以及各类发电机发电产生电能。

②热能转化：将能源转化为热能的过程，例如将太阳能转化为热水、蒸汽等形式，用于供暖、生产等用途。

③化学能转化：包括生物质能发电中的生物质燃烧产生的热能，以及化石能源的燃烧产生的热能和动力。

#### 6.1.2.3　能源传输

能源传输是园区能源互联网系统中至关重要的一环，它涉及将各种形式的能源从生产地点传输到需要使用的地点，确保能源在园区内的平稳供应和分配。

①电能传输：主要通过电力输电线路实现，需要考虑输电损耗和电能质量的稳定性。

②热能传输：主要通过热水管道、蒸汽管道等形式进行传输，确保热能在园区内的传递和利用。

③气体传输：对于生物质能发电或其他化石能源的利用，可能涉及气体的传输，例如天然气管道。

#### 6.1.2.4　能源储存

能源储存环节对于园区能源互联网系统的平稳运行至关重要，它能够平衡能源供需之间的波动，以应对天气变化、能源生产波动等因素带来的影响。

①电能储存：主要通过蓄电池、超级电容等设备实现，将多余的电能存储起来，在需要时释放以平衡电网负荷。

②热能储存：包括水箱储热、热储罐等形式，将多余的热能存储起来，以备后续使用。

③气体储存：对于涉及气体能源的园区，可能需要考虑气体的储存和调配。

#### 6.1.2.5　能源利用

能源利用是园区能源互联网系统最终的环节，通过各种设备和终端设施将储存或传输的能源转化为实际的能量供应，满足园区内各种生产和生活用能需求。

①电能利用：包括园区内各类设备、照明系统、电动车辆等对电能的利用。

②热能利用：主要用于供暖、工业生产等领域，通过热能设备将储存或传输的热能转化为实际的热量供应。

③化学能利用：如化石能源的燃烧产生的动力，用于驱动各种机械设备。

园区能源互联网系统通过以上环节的有机组合和协调运作，实现了能源的高效利用、资源的共享和互补，为园区的可持续发展和低碳生活提供了坚实的能源基础。

## 6.1.3　技术架构

本部分描述的是园区能源互联网系统的技术架构，包括智能电网、可再生能源集成、能源储存技术、能源监控与管理系统等方面，并分析系统中各项技术的作用和相互关系。

园区能源互联网系统的技术架构是一个复杂而高度集成的系统，旨在实现能源的高效利用、可持续发展和低碳排放。该技术架构涵盖了多个关键领域，包括智能电网、可再生能源集成、能源储存技术以及能源监控与管理系统等，以下是对这些关键技术的详细分析。

### 6.1.3.1　智能电网

智能电网是园区能源互联网系统的基础，它通过先进的传感器、通信技术和控制系统，实现了电力系统的高度智能化和自适应性。智能电网包含以下关键技术组成部分：

①智能测量和监控：利用先进的电力测量设备和传感器，实时监测电网的电流、电压、功率等参数，为系统提供高精度的电能数据。

②远程通信和控制：通过通信技术，实现电力系统中各个节点之间的远程通信和控制，使系统具备远程监控和远程调度的能力。

③分布式能源管理：采用分布式能源管理系统，通过智能算法对分布式能源资源进行优化调度，确保能源在系统内的均衡分配。

④故障检测和自愈能力：借助智能电网系统，能够实时监测电网的故障，并通过自愈控制策略迅速做出反应，最大程度减小故障对系统的影响。

### 6.1.3.2　可再生能源集成

可再生能源是实现园区低碳目标的核心，其集成在能源互联网系统中需要高效而灵活的技术支持。以下是可再生能源集成的关键技术：

①智能电源管理：通过智能控制系统，实现可再生能源的稳定接入和优化利用，确保系统在高比例可再生能源的情况下仍能保持平稳运行。

②多能源互补：在系统中引入多种可再生能源，如太阳能、风能、水能等，通过互相补充的方式提高系统的整体可靠性和稳定性。

③能源协同优化：采用协同优化算法，将可再生能源与传统能源进行协同管理，确保整体系统能够在各种条件下实现高效利用。

### 6.1.3.3　能源储存技术

能源储存是园区能源互联网系统的重要组成部分，它能够平衡能源供需之间的波动，提高系统的鲁棒性。以下是能源储存技术的关键方面：

①电池储能技术：利用先进的电池技术，将多余的电能储存起来，以备系统需要时使用，包括锂离子电池、钠硫电池等。

②热储能技术：通过蓄热系统，将多余的热能储存起来，以备系统需要时用于供暖、工业生产等用途。

③气体储能技术：利用气体储能设备，将多余的能源转化为气体储存，以备系统需要时释放为电能。

### 6.1.3.4 能源监控与管理系统

能源监控与管理系统是园区能源互联网系统的大脑，通过集成先进的信息技术和数据分析方法，实现对系统的实时监控和智能管理。（见图6-2）以下是该系统的关键组成部分：

①数据采集与处理：通过传感器和智能仪表采集实时的能源数据，包括生产、传输、储存和消费等环节的数据。

②大数据分析：运用大数据技术对采集到的数据进行深度分析，识别潜在的能效改进点和优化方向，为系统的决策提供数据支持。

③人工智能算法：利用人工智能算法，实现对系统运行状态的智能预测、优化调度和故障诊断，提高系统的自适应性和智能化水平。

④能源管理系统：通过能源管理系统，实现对整个园区能源互联网系统的全面监管和集中管理，包括能源流向、效益评估等方面。

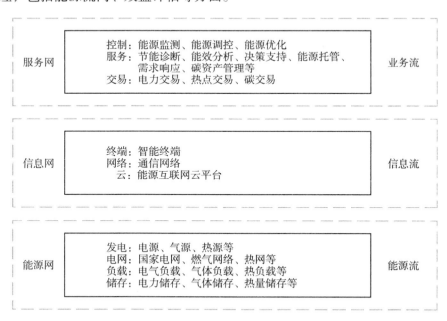

**图6-2 能源互联网整体逻辑框架**

以上所述的技术组成部分在园区能源互联网系统中相互关联、相互作用，形成了一个协同运作的整体。智能电网为系统提供了稳定的电力基础，可再生能源集成通过智能控制实现了与智能电网的无缝衔接，而能源储存技术则在能源波动时提供了平衡和调节的作用。

能源监控与管理系统则负责监测整个系统的运行状态，并通过大数据分析和人工智能算法实现对系统的智能管理，为系统的稳定运行和持续优化提供了有力支持。

综上所述，园区能源互联网系统的技术架构是一个多层次、高度集成的系统，它整合了智能电网、可再生能源集成、能源储存技术以及能源监控与管理系统等多种关键技术，为实现园区能源的高效利用、可持续发展和低碳排放提供了重要保障和支撑。

## 6.1.4　优势与挑战

本部分分析的是园区能源互联网系统相较于传统能源系统的优势，如减少能源浪费、提高能源利用效率、减少碳排放等方面。同时，也指出了系统实施过程中可能面临的挑战和难点，如技术成本、管理难度、安全风险等。

### 6.1.4.1　园区能源互联网系统相较于传统能源系统的优势

①减少能源浪费。园区能源互联网系统通过智能化的监控和管理，可以实现对能源的精细化管理，减少能源在生产、传输和使用过程中的浪费，提高能源利用效率。

②提高能源利用效率。通过能源互联网系统的集成和优化调度，可以实现各种能源资源的互补和有效利用，提高能源的综合利用效率。

③减少碳排放。园区能源互联网系统大量采用可再生能源和清洁能源，例如太阳能、风能等，降低了对传统化石能源的依赖，从而减少了园区的碳排放量，有利于环境保护和碳减排目标的实现。

④提升园区整体竞争力。通过实施能源互联网系统，园区可以提升其绿色形象和可持续发展能力，吸引更多的投资和人才，提升园区的整体竞争力和吸引力。

⑤灵活性和可扩展性。能源互联网系统采用分布式能源管理模式，具有较强的灵活性和可扩展性，可以根据园区的实际需求和发展情况进行系统的调整和扩展。

⑥降低能源成本。通过优化能源的采购、利用和管理，园区能源互联网系统可以降低园区的能源成本，提升企业的经济效益。

### 6.1.4.2　园区能源互联网系统相较于传统能源系统的挑战

①技术成本高昂。园区能源互联网系统涉及到先进的能源技术、信息技术和智能控制技术，系统建设和运行的技术成本较高，需要较大的投入。

②管理难度大。能源互联网系统涉及多个能源来源和多个能源用户，管理难度较大，需要完善的管理机制和监控系统来保证系统的稳定运行。

③安全风险较高。能源互联网系统面临着安全风险，例如数据安全、网络安全、供电安全等方面的问题，需要采取有效的安全措施来保障系统的安全运行。

④政策和法律风险。能源互联网系统的实施可能受到政策和法律的限制和调整，存在一定的政策风险和法律风险，需要密切关注相关政策和法律法规的变化。

⑤技术标准不统一。目前园区能源互联网系统的技术标准尚未统一，不同地区和不同厂商的技术标准存在差异，可能影响系统的操作性和扩展性。

⑥社会认知和接受度有限。能源互联网系统是一种新型的能源管理模式，社会对其认知和接受度有限，需要加强宣传和教育，提升社会的认知度和接受度。

面对这些挑战和难点，园区能源互联网系统的建设和运行需要政府、企业和社会各界的共同努力和支持，同时需要不断创新和完善相关技术和管理机制，以确保系统能够稳定、安全、高效地运行，为园区可持续发展和低碳目标的实现提供有力支持。

# 6.2 园区能耗审计、监控与分析

## 6.2.1 能耗审计的概念和意义

本节主要介绍能耗审计的概念，及其在低碳工业园区能源管理中的重要性和意义，并解释能耗审计对于发现能源浪费、提高能源利用效率、减少碳排放等方面具有重要作用。

能耗审计是指对企业、园区或建筑等能源消耗情况进行系统、全面的调查和评估，以发现能源浪费、提高能源利用效率、降低能源成本和环境影响的管理过程。在低碳工业园区能源管理中，能耗审计扮演着至关重要的角色。

首先，介绍能耗审计的基本概念。能耗审计是一种定量和定性相结合的能源管理手段，通过对能源使用情况的全面调查、分析和评估，揭示能源消耗的结构、规律和潜在的节能改进空间。能耗审计的主要任务包括确定能源消耗情况、分析能源消耗结构、评估能源利用效率、提出节能改进建议等。

能耗审计有以下几方面意义：

①发现能源浪费。能耗审计可以帮助园区管理者发现潜在的能源浪费现象，例如设备运行不当、能源损耗过大等，从而有针对性地采取措施加以改善。

②提高能源利用效率。通过对园区能源使用情况的全面评估和分析，能耗审计可以为园区管理者提供优化能源利用的方向和方法，从而提高能源利用效率，减少资源浪费。

③减少碳排放。通过降低能源消耗、提高能源利用效率和推广清洁能源利用等措施，能耗审计有助于减少园区的碳排放量，为园区低碳发展做出贡献。

④节约成本。通过节约能源、降低能源消耗，能耗审计可以帮助园区降低能源成本，提高企业的经济效益和竞争力。

⑤合规监管。能耗审计是企业履行社会责任和遵守能源管理相关法规的重要手段，有助于园区管理者加强对能源管理的监管和控制，确保园区能源消耗处于合规状态。

综上所述，能耗审计在低碳工业园区能源管理中具有重要意义和作用，是实现园区能源可持续发展和低碳目标的重要手段之一。通过进行能耗审计，园区管理者可以深入了解能源消耗情况，找出存在的问题和改进空间，并制定相应的能源管理策略和措施，推动园区能源管理水平的不断提升，促进园区的可持续发展。

### 6.2.2　能耗审计对象和范围

本节讨论能耗审计的对象和范围,包括园区内各类能源消耗设备和系统,如供电系统、供热系统、制冷系统、照明系统等,分析不同设备和系统的能耗特点和影响因素。

#### 6.2.2.1　审计对象

能耗审计的对象包括园区内各类能源消耗设备和系统,其范围涵盖了供电、供热、制冷、照明等多个方面。以下是常用系统的审计对象和范围。

(1)供电系统

审计对象:供电系统是园区内的主要能源供应系统,包括发电设备、变压器、配电线路、配电箱等组成部分。

审计范围:能耗审计将关注供电系统的电能消耗情况。审计范围包括电力的供应方式、用电设备的能效情况、用电量的分布等。供电系统的能耗特点和影响因素主要包括设备运行效率、用电负载特点、电力价格等。

(2)供热系统

审计对象:供热系统是园区内用于供应暖气、热水等热能的重要设备。

审计范围:能耗审计将关注供热系统的能源消耗情况。审计范围包括供热设备的能效、供热管网的损耗、供热季节的能耗分布等。供热系统的能耗特点和影响因素主要包括室外温度、供热设备的运行效率、管网损耗等。

(3)制冷系统

审计对象:制冷系统是园区内用于制冷、冷藏、空调等目的的能源消耗设备。

审计范围:能耗审计将关注制冷系统的能源消耗情况。审计范围包括制冷设备的能效、制冷剂的使用情况、制冷系统的运行效率等。制冷系统的能耗特点和影响因素主要包括环境温度、制冷负荷、设备运行效率等。

(4)照明系统

审计对象:照明系统是园区内的主要用电设备之一,用于提供照明作用。

审计范围:能耗审计将关注照明系统的能源消耗情况。审计范围包括照明设备的能效、照明布局的合理性、照明控制系统的运行情况等。照明系统的能耗特点和影响因素主要包括照明时段、照明设备的种类和功率、照明控制方式等。

#### 6.2.2.2　不同的能源消耗设备和系统的能耗特点和影响因素

供电系统:受电力供应方式、设备运行效率和用电负载特点等因素影响。

供热系统:受供热季节的影响较大,还受到供热设备的运行效率和管网损耗等因素的影响。

制冷系统:受到环境温度、制冷负荷和设备运行效率等因素的影响。

照明系统:受到照明时段、照明设备的种类和功率、照明控制方式等因素的影响。

能耗审计将针对不同设备和系统的能耗特点和影响因素进行详细分析和评估,从而为节能改造和优化提供科学依据和有效措施。审计的结果将有助于园区管理者制定合理的节能策略和优化方案，实现园区能源消耗的最大化降低和能源利用的最大化效益。

## 6.2.3 能耗审计方法和工具

本节探讨能耗审计的方法和工具，包括实地调查、数据采集、能耗分析软件等。介绍不同方法和工具的优缺点，及其在实际审计中的应用场景和操作流程。

能耗审计是通过一系列方法和工具对园区内的能源使用情况进行全面评估和分析的过程，旨在发现能源浪费、提高能源利用效率，从而实现园区能源管理的优化和节能减排的目标。以下是常用的能耗审计方法和工具。

（1）实地调查

方法介绍：实地调查是能耗审计的基础，通过实地走访、观察和调查园区内的能源消耗设备和系统，了解设备运行情况、能源利用方式、能源损耗情况等。

工具使用：能耗审计人员通常使用笔记本、相机、录音笔等工具记录现场信息，并与园区工作人员交流沟通，获取更多细节信息。

优点：实地调查能够直观地了解园区内各类能源消耗设备的运行情况，获取真实有效的数据。

缺点：实地调查耗时耗力，需要投入大量人力和物力，且数据采集容易受主观因素影响。

（2）数据采集

方法介绍：数据采集是通过记录园区内能源使用的数据，包括用电量、用水量、用气量等，以及设备运行时间、温度等数据。

工具使用：数据采集工具主要包括智能电表、水表、气表等，以及数据采集设备和软件。

优点：数据采集高效快捷，能够获取大量的实时数据，有利于对能源消耗情况进行准确分析。

缺点：数据采集设备和软件需要一定的投入成本，同时数据的准确性和完整性受设备性能和环境因素影响。

（3）能耗分析软件

方法介绍：能耗分析软件是用于对采集到的能源数据进行分析和处理的工具，能够实现数据的整合、统计、分析和可视化展示。

工具使用：常用的能耗分析软件包括 EnergyCAP、eSight、EcoStruxure 等，这些软件具有数据管理、能源消耗分析、报表生成等功能。

优点：能耗分析软件可以自动化处理大量能源数据，提供多维度的数据分析和图表展示，有助于发现能源消耗的规律和问题。

缺点：部分软件需要专业人员进行操作和配置，且使用成本较高，对硬件设备和网络环境要求较高。

能耗审计方法和工具适用于各类园区，包括工业园区、科技园区、商业园区等，尤其对能源消耗较大的园区具有重要意义。能耗审计的操作流程一般包括前期准备、实地调查、数据采集、数据分析、报告撰写等阶段，其中数据采集和分析是核心环节，需要专业技术人员进行操作和分析。

综上所述，能耗审计方法和工具在园区能源管理中起着至关重要的作用。通过实地调查、数据采集和能耗分析软件等手段，可以全面了解园区能源消耗情况，发现问题并提出优化建议，为园区节能减排和能源管理提供科学依据和技术支持。

## 6.2.4　监控系统建设与运行

本节分析园区能耗监控系统的建设和运行机制，包括监测设备的安装与布局、数据采集与传输、数据处理与分析等环节，讨论监控系统在实时监测能耗状况、发现异常情况和预警提醒方面的作用。园区能耗监控系统的建设和运行是实现园区能源管理的重要组成部分，它通过监测设备的安装与布局、数据采集与传输、数据处理与分析等环节，实现对园区能耗情况的实时监测、分析和优化。以下是监控系统建设与运行的详细步骤。

（1）监测设备的安装与布局

安装位置选择：监测设备的安装位置应覆盖园区内各个重要能源消耗设备和系统，包括供电设备、供热设备、制冷设备、照明设备等。

布局规划：应根据园区内的能源消耗情况和布局特点，合理规划监测设备的布局，确保数据采集全面且准确。

（2）数据采集与传输

数据采集方式：可采用传感器、智能电表、智能水表等设备进行数据采集，实时监测园区内各类能源消耗情况。

数据传输手段：数据传输可以通过有线网络、无线网络等方式进行，确保数据的及时传输和安全性。

（3）数据处理与分析

数据处理：采集到的数据经过预处理和清洗，消除异常数据和噪声，保证数据的准确性和可靠性。

数据分析：运用数据分析技术，对采集到的能耗数据进行深入分析，探索能源消耗规律和影响因素，发现潜在的节能优化空间。

（4）实时监测与异常预警

实时监测：通过监控系统实现对园区能耗情况的实时监测，可以随时了解园区能源消耗情况，发现问题并及时采取措施。

异常预警：监控系统设定预警机制，当能源消耗超出设定范围或发生异常情况时，系统能够及时发出预警信号，提醒相关人员采取应对措施。

综上所述，园区能耗监控系统的建设和运行是园区能源管理的重要环节，通过合理布局监测设备、实时数据采集和分析以及异常预警机制的建立，能够帮助园区实现节能减排、降低能源成本、保障安全稳定运行等目标，是推动园区能源管理现代化和智能化的重要手段之一。随着技术的不断发展和应用，园区能耗监控系统将在未来发展中发挥更加重要的作用，助力园区迈向更加智慧和可持续的发展道路。

## 6.2.5　数据分析与优化策略

本节讨论能耗数据的分析方法和技术手段，包括数据统计分析、趋势分析、能耗模型建立等。探讨如何根据分析结果制定能源管理和优化策略，包括调整设备运行参数、优化能源供应结构、改进能源利用方式等。

数据分析是园区能耗管理中至关重要的一环，通过对能耗数据的统计分析、趋势分析和建模分析，可以发现潜在的节能优化空间，制定有效的能源管理和优化策略，从而实现园区能耗的最大化降低和能源利用的最大化效益。以下是常用的数据分析与优化策略。

（1）数据统计分析

方法介绍：数据统计分析是对园区能耗数据进行总体性和局部性的统计分析，包括能源消耗量、能耗构成、能源利用效率等方面的指标分析。

技术手段：可以采用 Excel、Python 等数据处理软件进行数据统计和分析，利用图表、表格等形式展示能耗数据的分布和变化规律。

（2）趋势分析

方法介绍：趋势分析是通过对历史能耗数据的趋势进行分析，预测未来能耗的发展趋势，为制定长期能源管理策略提供参考。

技术手段：趋势分析常用的方法包括线性回归分析、指数平滑法、时间序列分析等，利用历史数据的变化规律来预测未来的能源消耗趋势。

（3）建立能耗模型

方法介绍：能耗模型是通过建立数学模型来描述园区能源消耗与各种影响因素之间的关系，从而分析影响能源消耗的主要因素。

技术手段：常用的能耗模型包括线性回归模型、神经网络模型、支持向量机模型等，通过对历史能耗数据的拟合和分析，建立能源消耗的预测模型。

（4）制定优化策略

调整设备运行参数：根据数据分析的结果，对园区内能源消耗设备的运行参数进行调整，提高设备运行效率，降低能耗水平。

优化能源供应结构：结合能耗数据的分析，优化园区能源供应结构，增加可再生能源的利用比例，降低对传统能源的依赖程度。

改进能源利用方式：根据能耗数据分析结果，采取合理的节能措施和技术改进方案，优化能源利用方式，提高能源利用效率。

（5）数据分析与优化策略的实施

建立实施机制：将数据分析与优化策略纳入园区能源管理体系，建立科学的数据分析并优化决策机制，明确责任部门和实施计划。

持续改进：不断监测和评估优化策略的实施效果，及时调整和改进策略，确保能源管理工作的持续改进和优化。

# 6.3　园区多能互补系统

## 6.3.1　基本概念

园区多能互补系统是一种基于分布式能源资源和智能能源管理技术的能源供应和利用系统，它将园区内的风、光、热（冷）、储等多种能源资源进行集成和优化管理，形成一个相对独立的小型能源网络，实现自主供能和多能源互补，系统架构图如图 6-3 所示。

园区多能互补系统利用不同能源之间的互补关系，实现能源的高效利用和稳定供应。首先，通过多种能源的组合利用，可以降低能源供应的风险，例如在风力资源丰富的地区，可以优先选择风能发电；而在太阳能资源较为充足的地区，则可以重点发展太阳能发电。其次，由于不同能源具有不同的特点和适用范围，通过合理配置和优化组合，可以使能源的利用更加高效，提高能源利用的经济性和环保性。

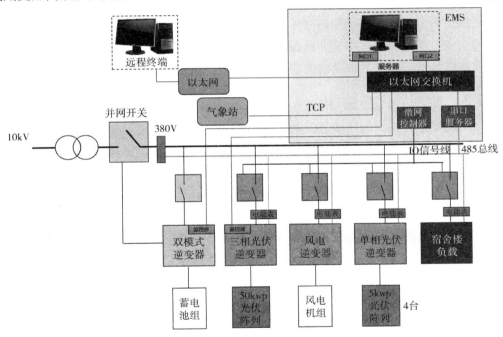

图6-3　园区多能互补系统架构图

## 6.3.2　技术挑战与解决方案

随着园区多能互补系统应用范围的不断扩大，其面临着诸多技术挑战。

①系统集成挑战。园区多能互补系统涉及多种能源资源和设备，如太阳能光伏、风力发电、储能系统等。系统集成需要解决不同能源之间的互联互通、设备协同工作等问题，以实现系统的整体优化和协调运行。

②智能控制挑战。园区多能互补系统需要实现对能源流动和设备运行状态的实时监测和智能调控。然而，由于系统具有规模较大、设备多样化的特点，智能控制算法的设计和

优化成为技术挑战之一。

③数据通信挑战。园区多能互补系统中涉及大量的数据采集、传输和处理工作，需要建立稳定可靠的数据通信网络。然而，面对复杂的环境条件和数据安全问题，数据通信的稳定性和安全性成为技术挑战之一。

园区多能互补系统面临的技术挑战虽然严峻，但也为技术创新提供了广阔的空间。通过不断的探索和实践，形成了如下的创新方案：

①系统集成方面，采用模块化设计和标准化接口，实现不同设备和能源资源之间的快速连接和集成。同时，引入软件定义网络（SDN）和虚拟化技术，实现系统资源的灵活调度和管理。

②智能控制方面，结合人工智能和机器学习技术，建立园区多能互补系统的预测模型和优化算法，实现对能源需求和供给的精准预测和智能调控。同时，引入分布式控制和协同控制策略，实现系统的分布式智能管理。

③数据通信方面，采用物联网技术和区块链技术，建立安全可靠的数据通信网络，实现数据的加密传输和分布式存储，确保数据的完整性和隐私保护。同时，采用多通道通信和自组织网络技术，提高数据通信的稳定性和抗干扰能力。

## 6.3.3　能源优化与管理

在当前能源形势下，园区多能互补系统作为一种新兴的能源管理模式，为提高能源利用效率、减少能源浪费提供了重要的解决方案。园区多能互补系统通过对区域内多种能源进行优化管理，实现自主供能和多能源互补，其主要优化和管理策略包括以下几个方面：首先，能源需求侧管理。通过对园区内各种能源需求的分析和优化调度，合理安排能源使用计划，降低峰值负荷，提高能源利用效率。例如，通过智能控制系统实现能源需求的动态调节和优化，根据不同时间段和需求情况进行灵活调度，减少能源浪费。其次，分布式能源资源的利用。园区多能互补系统利用分布式能源资源，包括太阳能、风能、地热能等，通过光伏发电、风力发电、地源热泵等技术手段将分布在园区内的能源资源进行有效整合和利用，提高能源的可再生利用率。最后，多能源互补。园区多能互补系统采用多能源互补的方式，将不同类型的能源资源进行有效整合和协调运用，实现能源的互补和平衡。例如，将太阳能和风能相互补充，根据天气条件和季节变化灵活调整能源利用方式，实现能源供应的稳定性和可持续性。

园区多能互补系统在提高能源利用效率、减少能源浪费方面具有以下几点优势。首先，园区多能互补系统能够实现能源的就地生产和自给自足，减少能源运输损耗，提高能源利用效率。其次，园区多能互补系统能够灵活调度各种能源资源，根据实际需求进行合理配置和利用，降低能源浪费，提高能源利用效率。再次，园区多能互补系统具有较高的可靠性和稳定性，能够有效应对外部能源供应不稳定的情况，保障园区能源供应的安全和可靠。最后，园区多能互补系统能够促进能源结构的优化和转型，推动可再生能源的发展和利用，减少对传统化石能源的依赖，实现能源供应的可持续发展。

### 6.3.4　系统集成与优化

在能源领域方面，多能源集成系统是实现能源转型和可持续发展的重要途径之一。通过将风能、光能、热能等多种能源有机地集成到一个系统中，可以实现能源的协同供应和互补利用，提高能源利用效率和系统稳定性。

多能源集成系统包括风能、光能、热能等多种能源的收集、转换、储存和利用组件，主要包括风力发电、光伏发电、太阳能热利用、地热利用等技术。这些能源收集系统通过智能控制和信息通信技术相互连接，形成一个高效的能源网络。园区多能互补系统集成架构如图 6-4 所示。

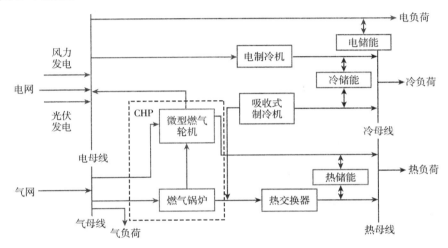

**图6-4　园区多能互补系统集成架构图**

多能源集成系统的优化策略与技术手段包括：

①智能控制与协同调度。通过智能控制系统对多能源集成系统进行协同调度，根据不同能源的生产情况和用户需求，实现能源的合理分配和调配。通过先进的算法和模型预测能源产量和需求，实现系统的优化运行。

②能源存储与灵活调度。利用储能技术对多能源进行灵活调度，包括电池储能、水泵储能、热能储能等方式。在能源产量高峰期进行储能，以应对能源需求高峰期的供应压力，提高系统的稳定性和可靠性。

③多能源互补利用。利用不同能源之间的互补关系，实现能源的互补利用和共享。例如，在风能和光能的组合中，通过风能弥补太阳能发电不稳定的缺陷，提高系统的稳定性和可靠性。

④系统智能监测与维护。建立多能源集成系统的智能监测和预警机制，实时监测系统运行状态和能源供需情况，及时发现和解决系统故障和问题，保障系统的安全平稳运行。

在多能源集成系统的运行过程中，需要不断优化和调整系统的运行策略和技术手段，以适应能源市场的变化和用户需求的变化。通过不断改进系统设计、优化系统运行算法和提升系统性能，实现能源的高效利用和保证系统的稳定性。

多能源集成系统是实现能源转型和可持续发展的重要途径，通过优化策略和技术手段，可以实现风能、光能、热能等多种能源的有机集成和协同供应，提高能源利用效率和系统稳定性，推动能源领域的创新发展。

## 6.3.5　安全与稳定性

随着能源需求的增长和能源供应链的多样化发展，园区多能互补系统作为一种灵活而可靠的能源供应解决方案，在园区能源管理中扮演着越来越重要的角色。园区多能互补系统的鲁棒性直接影响着其安全性和稳定性。在系统设计阶段，应考虑以下几个关键因素：

①多元化能源来源。系统应该整合多种能源来源，包括太阳能、风能、储能等，以减少对单一能源的依赖，提高系统的鲁棒性。

②智能能源管理系统。采用智能能源管理系统可以实时监测能源的生产和消费情况，及时调整能源分配，以确保系统在各种情况下都能够保持稳定运行。

③模块化设计。系统应采用模块化设计，即使在某个模块发生故障时，系统的其他部分仍然可以继续运行，从而最大程度地减少系统故障对整体运行的影响。

园区多能互补系统需要具备强大的应对突发事件的能力，包括自然灾害、供电中断等情况。为此，可以采取以下措施：

①备用能源和储能系统。应配备备用能源和储能系统，以应对突发停电或主要能源供应中断的情况，保障园区的正常运行。

②智能预测与预警系统。引入先进的智能预测与预警系统，能够及时预测可能发生的问题，并采取措施进行应对，减少突发事件对系统的影响。

③快速恢复机制。建立快速恢复机制，当系统发生故障时，能够迅速定位问题并进行修复，最大限度地减少系统运行中断时间现象的发生。

智能监控与预警机制是提升园区多能互补系统安全性和稳定性的关键环节。该机制可以实现以下功能：

①实时监测能源流动。通过实时监测能源的产生、存储和消耗情况，及时发现异常情况并采取措施进行调整。

②故障诊断与预警。通过故障诊断系统，能够及时发现系统中的故障，并通过预警系统向相关人员发送警报，以便及时处理。

③数据分析与优化。通过对系统运行数据的分析，可以发现系统运行中的潜在问题，并采取措施进行优化，提高系统的效率和稳定性。

园区多能互补系统的安全性和稳定性是园区能源管理的重要组成部分。通过合理设计系统结构、引入智能监控与预警机制，并提升应对突发事件的能力，可以有效提升园区多能互补系统的安全性和稳定性，为园区能源供应提供可靠的保障。在未来的发展中，园区多能互补系统将会面临更多挑战和机遇，需要不断优化和完善，以适应不断变化的能源需求和技术发展。

# 6.4　园区光伏及并网接入

## 6.4.1　光伏发电基础

随着对清洁能源的需求不断增加，光伏发电作为一种重要的可再生能源形式，受到了广泛关注和应用。

（1）光伏发电的基本原理

光伏发电是利用光电效应将太阳能直接转化为电能的过程。光电效应是指当光子碰撞到特定材料表面时，激发材料中的自由电子，从而产生电流。光伏发电系统主要由光伏电池组成，其工作原理如下：

①光伏电池的结构。光伏电池通常由硅等半导体材料制成，其主要结构包括 P 型半导体层、N 型半导体层和 PN 结。P 型半导体富含电子空穴，N 型半导体则富含自由电子。PN 结的形成使得光子被吸收后，电子和空穴分离并产生电流。

②光伏电池的工作原理。当太阳光照射到光伏电池表面时，光子被硅晶体吸收，激发了硅中的自由电子，从而在 PN 结上形成了电势差。这个电势差使得电子向 N 型半导体层流动，而空穴则向 P 型半导体层流动，从而产生了电流。这种电流可以通过外部电路驱动负载，实现太阳能的转换。

（2）光伏发电的技术特点

①可再生。太阳能是一种取之不尽、用之不竭的能源资源，光伏发电系统可以持续地从太阳辐射中获取能量，实现可持续发展。

②清洁。光伏发电过程中不涉及任何燃烧过程，不产生二氧化碳、硫化物等有害气体，对环境几乎没有污染，是一种清洁的能源形式。

③无噪声。光伏发电系统工作时几乎无噪声，与传统的火力发电厂或风力发电机相比，对周边环境和居民生活影响较小。

④低维护成本。光伏发电系统一旦安装完成后，其运行和维护成本相对较低。不需要频繁的燃料补给和机械维护，降低了能源生产成本。

（3）光伏发电技术在能源领域的广阔应用前景

随着技术的不断进步和成本的持续下降，光伏发电系统已经逐渐成为许多地区主要的电力供应方式，其在以下几个方面有望得到进一步发展：

①分布式发电。光伏发电系统适用于分布式能源发电模式，可以在城市、农村等地方直接供电，减少了长距离输电损耗和能源浪费。

②大型光伏电站。大型光伏电站的建设和运营已成为一种常见的能源项目。这些电站利用大面积的光伏电池板吸收太阳能，将其转化为电能并接入电网，为城市和工业区域提供清洁电力。

③光伏发电与储能技术结合。光伏发电系统可以与储能技术相结合，解决夜间或阴天时的能源供应问题，提高系统的稳定性和可靠性。

光伏发电技术作为一种清洁、可再生的能源形式，具有巨大的发展潜力和应用前景。通过不断提升技术水平、降低成本，光伏发电系统将在未来的能源转型中发挥越来越重要的作用。

## 6.4.2 光伏系统设计

随着可再生能源的发展和环境意识的提高，光伏系统在园区能源供应中扮演着越来越重要的角色。

（1）选址考虑因素

阳光照射度：选择充足的阳光照射度是光伏系统选址的首要考虑因素。

地形地貌：平坦且无遮挡的地形地貌有利于光伏板的安装和光能的收集。

电网接入便利性：选址应考虑到电网接入的便利性，减少电力输送损耗。

（2）光伏板安装

倾角和朝向：光伏板的安装倾角和朝向应根据当地的纬度和光照强度进行调整，以最大程度地吸收阳光能量。

清洁和维护：定期清洁和维护光伏板，保持其表面清洁，以提高光能转化效率。

（3）支架结构

材料选择：支架结构的材料应具有耐腐蚀、抗风压等特性，以确保系统的稳定性和长期可靠性。

结构设计：支架结构的设计应考虑到光伏板的重量和风荷载等因素，保证系统在恶劣天气条件下的安全运行。

（4）逆变器选择

根据园区的特点和能源需求量，确定光伏系统的规模和布局需要综合考虑以下因素。

效率和稳定性：选择高效率和稳定性好的逆变器能够提高光伏系统的发电效率和可靠性。

配置和监控：逆变器的配置和监控系统应便于操作和管理，能够实时监测系统的运行状态和发电量。

园区的能源需求量是确定光伏系统规模的关键因素，可以通过历史能耗数据和需求预测来进行评估。园区的地形地貌和气候条件会影响光伏系统的布局和倾角设计，应根据实际情况调整光伏板的安装角度和朝向。光伏系统的布局应充分利用可用空间，避免遮挡和阴影，确保光伏板能够获得充足的阳光照射。

综上所述，园区光伏系统的设计考虑因素涉及选址、光伏板安装、支架结构、逆变器选择等多个方面，而确定光伏系统规模和布局则需要根据园区特点和能源需求量进行综合分析和评估。通过合理的设计和布局，光伏系统能够为园区提供可靠的清洁能源，实现可持续发展的目标。

### 6.4.3　光伏并网接入政策与规范

#### 6.4.3.1　光伏并网接入政策

为了确保光伏发电系统能够合法接入电网并有效运行，我国各级政府和电力部门出台了一系列相关政策法规和规范标准。

（1）国家政策法规

《可再生能源法》：规定了对可再生能源发电项目的鼓励和支持政策，包括优惠的发电价格和并网接入的优先权。

《光伏发电管理办法》：明确了光伏发电项目的建设、审批和管理程序，以及并网接入的条件和要求。

《电力法》：规定了电力市场的基本原则和运行机制，强调了公平竞争和非歧视性接入的原则。

（2）地方政府政策法规

不同地区的政府会根据本地的实际情况和能源需求制定相应的光伏并网接入政策，包括发电补贴、土地利用政策等。

地方政府也会制定土地使用规划和环境保护政策，指导园区光伏项目的选址和建设。

（3）电力部门规范标准

电力部门会发布并实施一系列技术规范和标准，包括光伏发电系统设计、安装、运行和维护等方面的规范要求。

这些规范标准通常涵盖了光伏发电系统的组件选型、安全防护、电气连接、接地系统等方面的要求。

#### 6.4.3.2　光伏并网接入的程序、条件和要求

系统规划和设计：光伏发电系统需要按照相关技术标准和政策法规进行规划和设计，确保系统安全可靠、高效运行。

审批和备案：光伏发电项目需要经过地方政府和电力部门的审批和备案程序，包括环境影响评价、用地审批等。

并网接入申请：园区光伏项目需向电力公司提交并网接入申请，提供项目资料和技术方案，经审查合格后方可接入电网。

接入条件和要求：电力公司会根据电网容量和安全稳定运行的考虑，制定接入条件和要求，包括功率限制、电压波动、频率控制等。

接入协议签订：电力公司和光伏发电项目运营商需要签订并网接入协议，明确双方的权利和义务，确保光伏系统合法接入电网并按规定运行。

综上所述，园区光伏并网接入涉及国家政策法规、地方政府政策、电力部门规范标准等多方面的要求和规定。了解并遵守相关政策和规范，按照程序要求进行申请和审批，是确保光伏发电系统合法接入电网并顺利运行的关键。同时，加强监管和技术支持，促进光伏发电产业的健康发展和可持续利用。

### 6.4.4　光伏系统安全与监测

（1）并网逆变器的选择

逆变器是将光伏发电系统产生的直流电转换为交流电并与电网同步运行的关键设备。选择逆变器时应考虑其转换效率、稳定性、抗干扰能力以及通信功能等，以满足园区光伏系统的需求。

可选用单相或三相逆变器，根据园区用电情况和电网要求确定逆变器的容量和数量。

（2）电网连接方案

电网连接方案包括接线方式、电压等级和接地方式等，根据电网的电压等级和接口标准，选择适配的电缆、连接器和开关设备，确保光伏系统与电网安全、可靠地连接。

（3）电能计量与结算

电能计量是确保光伏发电系统合法接入电网并实现电能结算的重要环节。采用智能电能表或分布式电能计量系统，实现对光伏发电量和消耗量的实时监测和记录，确保数据的准确性和透明度。通过与电力公司建立合同和结算机制，实现园区光伏发电系统的经济效益和合法性。

（4）微网技术应用

微网是指将可再生能源、储能系统和智能控制技术集成在一起，实现园区能源的自主供应和管理。在光伏并网接入中，通过引入储能系统、智能微网控制系统和智能配电网等技术，提高系统的稳定性和安全性。借助微网技术，园区光伏系统可以实现自主调节和优化能源利用，减少对传统电网的依赖，提高供电可靠性和经济性。

综上所述，园区光伏并网接入涉及并网逆变器的选择、电网连接方案、电能计量与结算等多个技术方面。微电网技术的应用可以进一步提高光伏系统的稳定性和安全性，实现园区能源的自主供应和管理。在实践中，应根据园区的特点和需求，结合现有技术和政策法规，选择合适的技术方案和接入方式，推动园区光伏并网接入的顺利实施和运行。

### 6.4.5　效益分析

（1）投资成本

光伏发电系统的投资包括光伏板、逆变器、支架、电缆等设备的采购和安装成本，投资成本还包括土地租赁、工程设计、施工安装、监测设备等费用。尽管光伏系统的初投资较高，但随着技术进步和市场竞争，投资成本将逐渐下降。

（2）发电收益

光伏发电系统通过向电网供电实现发电收益，收入来自发电补贴和电力销售。发电收益受太阳能资源、系统容量、电价政策等因素影响。随着技术成熟和市场扩大，光伏发电系统的发电收益逐渐增加。

（3）政策支持

政府出台的可再生能源政策和补贴政策对园区光伏并网接入起到了重要推动作用，包括国家和地方的补贴政策、税收优惠、电价政策等，降低了光伏发电系统的投资风险和成本。

（4）环保效益

光伏发电系统是清洁能源，减少了园区的碳排放和对传统能源的依赖，具有显著的环保效益。光伏系统的运行过程中几乎不产生污染物，有利于改善周围环境质量，保护生态环境。光伏发电系统在园区的经济效益主要体现在以下几个方面：

降低能源成本：园区光伏发电系统可以降低园区的能源成本，提高企业的竞争力。

提升园区形象：采用清洁能源，展现企业的环保理念，提升园区形象，增强企业社会责任感。

吸引投资：具备光伏发电系统的园区可以吸引更多投资，提升园区的价值和吸引力。

综上所述，园区光伏并网接入具有显著的经济效益，通过降低能源成本、提升园区形象、吸引投资等方式为园区创造了价值。在政府政策的支持下，园区光伏发电系统将在未来得到更广泛的应用，为园区和社会带来更多的经济和环境效益。

# 6.5　园区主要节能技术

## 6.5.1　节能技术概述

本节介绍园区主要节能技术的概念和意义，解释节能技术在低碳工业园区能源互联网系统中的重要性，以及节能对于降低能源消耗、减少碳排放的作用。

节能技术是指利用先进的技术手段和管理方法，降低能源的消耗，提高能源利用效率的技术措施。节能技术的实施可以降低能源消耗、减少环境污染、提高企业竞争力，对于促进可持续发展具有重要意义。园区节能示意图如图 6-5 所示。

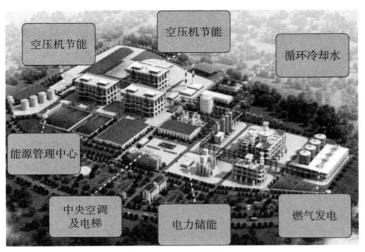

图6-5　园区节能示意图

园区节能技术主要包括以下几类。

①节能照明技术：采用 LED 照明、智能照明控制系统等，降低照明能耗，提高照明效果。

②高效供热与制冷技术：采用地源热泵、空气能热水器等，提高供热与制冷设备的能效比，降低能源消耗。

③节能建筑设计：采用节能材料、隔热材料等，降低建筑能耗，提高建筑能效。

④高效能源利用设备：采用高效电机、变频调速器等，提高设备能效，降低能源消耗。

能源互联网系统是将多种能源和能源设备进行互联互通，实现能源高效利用和智能管理的系统。节能技术是能源互联网系统的重要支撑，通过节能技术的应用，提高能源利用效率，实现能源的优化配置和高效利用。

节能技术可以降低能源消耗，减少对传统能源的依赖，延长能源资源的使用寿命。节能技术的应用可以降低碳排放，减少温室气体的排放，对于应对气候变化、保护生态环境具有重要意义。

综上所述，园区节能技术是提高园区能源利用效率、实现能源可持续发展的重要手段。在能源互联网系统中，节能技术的应用可以实现能源的高效利用和智能管理，提高园区能源供应的安全性和稳定性。通过节能技术的推广和应用，可以实现园区能源消耗的降低、碳排放的减少，为促进经济发展和生态环境保护作出积极贡献。

## 6.5.2　建筑节能技术

（1）建筑外墙保温

采用保温材料，如聚苯板、岩棉板等，提高园区建筑外墙的保温性能，减少能量流失。外墙保温结构的设计应考虑保温层的厚度和材料的导热系数，确保保温效果和建筑结构的稳定性。

（2）高效节能窗

选择低辐射率玻璃和隔热型窗框，减少室内外热量交换，提高窗户的隔热性能。安装双层或三层中空玻璃，提升窗户的隔热性能，降低冷热能量的传导损失。

（3）建筑结构设计

采用轻型、节能型建筑结构，如钢结构、预制混凝土等，减少建筑材料的消耗，优化建筑结构设计，减少不必要的墙体、柱子和梁的使用，提高建筑的使用效率和空间利用率。

（4）通风与采光系统

采用自然通风和智能化通风系统，实现室内外空气的流通和换气，减少空调系统的使用频率。合理设计采光系统，利用日光灯、天窗等技术，充分利用自然光，减少人工照明的使用。

通过以上建筑节能技术的应用，可以实现园区能源消耗的最小化：节能建筑外墙保温可以减少建筑内部能量的散失，降低采暖和制冷的能量消耗；高效节能窗能够阻挡外部热量和冷气的传导，提高室内空调系统的效率，降低能源的消耗；节能建筑结构设计可以降低建筑材料的消耗，降低建筑过程中的能源消耗；合理设计的通风与采光系统可以降低人工能源消耗，提高室内环境的舒适度，降低能源成本。

综上所述，建筑节能技术在园区设计中的应用对于实现能源消耗的最小化至关重要。通过采用节能建材、合理设计建筑结构和通风采光系统等措施，可以有效降低园区的能源消耗，提高能源利用效率，促进园区的可持续发展。建筑节能技术的应用不仅有利于降低园区运营成本，还有助于减少对环境的负面影响，为建设绿色、环保的园区提供了重要支撑。

### 6.5.3　能源设备节能技术

（1）供暖节能技术

选择高效节能供暖设备，如地源热泵、空气源热泵等，利用地热和空气热进行供暖，提高能源利用效率。优化供暖系统的设计和运行，采用智能温控系统进行温度调节，根据室内外温度变化调整供暖水温度和供暖时间。

（2）制冷节能技术

选用高效节能空调设备，如变频空调、中央空调等，采用智能控制技术进行温度调节和能耗监测，实现节能运行。优化建筑结构设计和通风系统，减少室内热量积聚，降低空调负荷，提高制冷效率。

（3）通风节能技术

采用智能通风系统，根据室内外温度和空气质量自动调节通风量和通风时间，保持室内空气清新，降低能源消耗。使用高效节能风机和风口，减少通风阻力，降低通风能耗。

（4）照明节能技术

选用 LED 照明设备替代传统白炽灯和荧光灯，LED 灯具具有高效节能、长寿命、无汞污染等优点。安装智能照明控制系统，根据光线亮度和人员活动情况自动调节照明亮度和开关状态，节约能源消耗。

考虑设备的能效比和节能性能指标，应选择能源消耗较低、能效比较高的设备。根据园区的实际需求和特点，选择适合的节能设备类型和规格。注重设备的质量和可靠性，选择具有良好品质和售后服务的设备供应商。

建立科学合理的设备运行管理制度，包括定期检查维护、设备清洁保养、能耗监测等措施。引入智能控制技术，通过物联网、人工智能等技术手段，实现对设备运行状态的实时监测、故障诊断和远程控制，提高设备利用效率和能源利用效率。

综上所述，园区能源设备的节能技术是实现能源可持续利用和降低能源消耗的重要手段。通过选用高效节能设备、优化运行管理和应用智能控制技术，可以有效降低园区能源消耗，提高设备利用效率，实现园区能源管理的科学化和智能化。在未来的发展中，园区能源设备的节能技术将发挥更加重要的作用，为构建绿色、低碳、可持续发展的园区提供技术支撑和保障。

### 6.5.4　智能控制与管理技术

（1）建筑自动化系统

建筑自动化系统通过集成控制设备、传感器和网络通信技术，实现建筑内部各项设备的智能控制和自动化管理。通过智能温控、照明控制、窗帘控制等功能，实现建筑能耗的优化调控，减少能源浪费，提高能源利用效率。

（2）能源监测与管理系统

能源监测与管理系统通过数据采集、分析和反馈，实时监测园区各种能源的消耗情况，帮助管理人员及时了解能源使用状况。通过分析能源数据，识别能源消耗的高峰时段和高耗能设备，提出优化措施，降低能源消耗，实现能源的合理分配和利用。

（3）智能能源调度系统

智能能源调度系统是指利用先进的信息技术和智能算法，对园区内各种能源进行动态调度和管理的系统。通过预测园区能源需求和能源供应情况，实现能源的合理配置和调度，最大限度地提高能源利用效率，降低能源成本。智能控制技术实现能源的有效利用和系统运行的优化主要体现在以下三个方面。

①实时监测与调控：智能控制技术可以实时监测园区内部各项设备的运行状态和能源消耗情况，及时发现异常情况并进行调控，减少能源的浪费和损耗。

②自动化优化：通过智能算法和自学习系统，智能控制技术可以自动分析和优化园区能源消耗模式，提出最优化的节能方案，实现能源消耗的最小化。

③预测与预防：智能控制技术可以通过大数据分析和模型预测，提前预测园区能源需求和供应状况，制定相应的应对策略，避免因能源供需失衡导致的能源浪费和损失。

综上所述，园区智能控制与管理技术在节能方面的作用不可忽视。通过建筑自动化系统、能源监测与管理系统、智能能源调度系统等技术手段的应用，可以实现园区能源的有效利用和系统运行的优化，提高能源利用效率，降低能源消耗，为建设绿色、低碳的园区提供了重要支撑。

### 6.5.5　新能源与清洁能源技术

（1）太阳能技术在园区节能中的应用

太阳能光伏发电系统将太阳能直接转换成电能，成为园区节能的重要手段之一。太阳能光伏板安装在建筑屋顶或园区空地上，通过光伏逆变器将直流电转换为交流电，供给园区用电系统。太阳能热水器利用太阳能热量及热水，替代传统燃气热水器，降低园区的热水供热成本。

（2）风能技术在园区节能中的应用

风力发电利用风能驱动风力发电机转子旋转，进而产生电能。在园区内建设风力发电场，利用风力资源进行发电。风能发电系统可以与太阳能光伏发电系统相结合，形成混合能源发电系统，提高园区的能源利用效率。

（3）地热能技术在园区节能中的应用

地热能利用地下深层热源进行供热和制冷，具有稳定、环保、节能的特点，适用于园区供暖和制冷需求。地热能利用热泵技术将地下热能提取到地表，用于供暖或制冷，减少园区的能源消耗和碳排放。

可再生能源作为园区能源互联网系统的重要组成部分，可以提供清洁、可持续的能源供应，降低园区的能源消耗和环境污染。太阳能、风能、地热能等可再生能源具有分布广泛、资源丰富的特点，可以在园区内建设分布式能源系统，满足园区内部能源需求。可再生能源与能源互联网系统相结合，可以实现能源的灵活调度和优化配置，提高能源利用效率，降低园区能源成本。

综上所述，新能源与清洁能源技术在园区节能中发挥着重要作用。通过太阳能、风能、地热能等可再生能源的利用，可以实现园区能源的清洁生产和高效利用，为构建绿色、低碳的园区提供了重要支撑。在未来的发展中，应继续推动新能源与清洁能源技术在园区节能中的应用，不断提高园区能源利用效率，促进园区可持续发展。

## 6.5.6　绿色建筑与生态设计

（1）绿色建筑的原则和标准

节能原则：采用高效节能建材和设备，优化建筑结构设计，降低能源消耗。

资源利用原则：最大限度地利用可再生资源，降低建筑材料的消耗，减少对自然资源的开采。

环境保护原则：减少建筑对周围环境的影响，保护生态系统的完整性和稳定性。

（2）生态景观规划

通过合理规划园区内的植被、水体和自然景观，打造具有生态美感的环境，提高园区的生态品质。采用生态种植技术和雨水收集系统，实现植被的自然生长和水资源的合理利用。

（3）水资源管理

采用雨水收集、废水回收等技术，实现水资源的再利用和循环利用，减少对自来水的依赖。设计湿地、人工水体等水景，增加园区的绿化面积，改善园区的生态环境。

（4）废弃物处理

实施垃圾分类、资源回收和再利用，减少园区废弃物的产生，降低园区的环境负荷。建设生物堆肥场和垃圾处理中心，实现有机废物的处理和资源化利用，减少对园区的生态影响。

综上所述，绿色建筑与生态设计在园区节能中的重要性不言而喻。通过生态景观规划、水资源管理、废弃物处理等措施，可以有效提高园区的节能水平，降低能源消耗和环境污染，实现园区的可持续发展和生态保护。

# 6.6　园区能源互联网综合监控系统

## 6.6.1　综合监控系统介绍

随着能源需求的不断增长和环境保护意识的提高，园区能源管理变得越来越重要。为了有效管理和优化园区能源系统，园区能源互联网综合监控系统应运而生。

### 6.6.1.1　监控系统的作用

园区能源互联网综合监控系统是一种集成了传感器、数据采集设备、数据分析等技术的智能化监控系统，旨在实现对园区能源系统的实时监测、数据分析和运行管理。

①数据采集与传输。监控系统通过安装在园区内的传感器和监测设备，实时采集能源系统的各种数据，包括电力、水、气等能源的消耗情况，以及设备的运行状态等信息。

②数据存储与处理。采集到的数据通过网络传输至监控系统的数据中心，存储在数据库中，并进行实时处理和分析。

③数据分析与管理。监控系统利用数据分析算法对能源消耗、设备运行状态等数据进行分析，提取关键信息并生成报告。同时，系统能够监测能源系统的运行情况，及时发现异常并采取相应的措施。

④远程控制与调度。监控系统还可以通过远程控制功能对园区能源设备进行调度和控制，实现能源的合理分配和利用。

综上所述，园区能源互联网综合监控系统通过数据采集、分析和管理，实现了对园区能源系统的全面监控和运行管理，为园区能源节约和环境保护提供了有力支持。在未来的发展中，应不断完善监控系统的功能和性能，促进园区能源管理的智能化和精细化。

### 6.6.1.2　监控系统的特点

（1）监控对象和范围广泛

园区能源互联网综合监控系统涵盖了园区内各种能源设施和设备，主要包括但不限于以下几个方面：

①供电系统。包括主配电室、变压器、配电盘、电缆线路等供电设施，监控电力供应情况、电流电压等参数。

②供热系统。包括锅炉、换热器、暖气片等供热设备，监控供热温度、热能消耗情况等。

③制冷系统。包括制冷机组、冷却塔、冷冻水管等制冷设备，监控制冷效果、能耗情况等。

④照明系统。包括室内外照明设备、照明控制器等，监控照明亮度、能源消耗等。

⑤水处理系统。包括水泵、水箱、管道等，监控水质、水压、供水量等。

（2）监控系统的全面性和综合性

园区能源互联网综合监控系统具有以下特点，体现了其全面性和综合性：

①多元化监控对象。监控系统覆盖了园区内各类能源设施和设备，涵盖了供电、供热、

制冷、照明等多个方面，实现了对园区能源系统的全方位监控。

②多参数监测。对于每个监控对象，监控系统能够实时监测多个参数，包括温度、湿度、电流、电压、能耗等，实现了对能源系统各项指标的全面监测。

③数据集成和分析。监控系统将各个监测点的数据进行集成和分析，通过数据分析算法识别能源消耗的趋势和异常情况，为园区能源管理提供数据支持。

④远程控制和调度。监控系统具有远程控制功能，管理人员可以通过网络远程监控和调度各个能源设备，及时发现问题并采取措施，提高能源利用效率。

（3）实现全面监控的优势

园区能源互联网综合监控系统的全面性和综合性带来了诸多优势：

①实时性。可以实时监测各种能源设施和设备的运行状态和能源消耗情况，及时发现问题并采取措施。

②精准性。通过多参数监测和数据分析，可以精准识别能源消耗的规律和异常情况，为能源管理提供科学依据。

③效率性。通过远程控制和调度，可以实现能源设备的优化运行和能源的合理利用，提高能源利用效率。

综上所述，园区能源互联网综合监控系统通过对园区能源系统的全面监控和运行管理，提高了园区的能源利用效率，降低了运营成本，为园区可持续发展和绿色能源管理提供了重要支持。

## 6.6.2　监控技术和设备

园区能源互联网综合监控系统作为一种重要的管理工具，涉及多种监控技术和设备的应用。

### 6.6.2.1　传感器

传感器是园区能源互联网综合监控系统的重要组成部分，主要用于实时监测各种参数和环境数据。常见的传感器包括：

①温度传感器。用于监测建筑内外的温度变化，包括空调设备、供暖设备等的温度控制。

②湿度传感器。监测空气湿度，调节空气湿度，保持舒适的环境条件。

③压力传感器。用于监测水力系统和气压系统的压力变化，保证系统的正常运行。

④光照传感器。监测室内外光照情况，控制照明系统的开关和亮度。

### 6.6.2.2　数据采集设备

数据采集设备用于收集传感器和其他监测设备产生的数据，并将其传输到监控系统的数据中心进行处理和分析。常见的数据采集设备包括：

①数据采集器。负责将传感器采集到的数据进行收集和整合，转化为数字信号并传输到数据中心。

②数据记录仪。将传感器采集到的数据记录下来，形成历史数据，供后续分析和比对使用。

### 6.6.2.3 智能控制器

智能控制器是园区能源互联网综合监控系统的核心部件之一，负责根据监测数据和预设条件进行智能控制和调节。常见的智能控制器包括：

① PLC（可编程逻辑控制器）。用于控制园区内各种设备的开关、调节和自动化运行。

② DDC（数字化直接控制器）。用于控制建筑内部的照明、空调、通风等系统，实现智能化管理和节能控制。

③智能仪表。集成多种监测功能，可实现对能源消耗、设备运行状态等数据的监控和控制。

### 6.6.2.4 远程监控软件

远程监控软件是园区能源互联网综合监控系统的操作界面，提供实时监控、数据分析和远程控制功能。常见的远程监控软件包括：

① SCADA 系统。用于监控和控制园区内各种设备和系统，实现实时数据显示、报警和远程操作。

②数据可视化软件。将传感器采集的数据通过图表、曲线等形式进行展示，便于用户直观地了解能源系统的运行情况。

③远程监控平台。提供远程访问和控制能源系统的功能，使管理人员可以随时随地监控园区能源系统的运行状态。

园区能源互联网综合监控系统所采用的监控技术和设备在实现对能源系统的全面监控和智能管理方面发挥了重要作用。传感器、数据采集设备、智能控制器和远程监控软件的应用，使得园区能源系统的运行更加高效、安全和可持续。在未来的发展中，随着技术的不断进步和创新，园区能源互联网综合监控系统将发挥越来越重要的作用，助力园区的能源管理和节能减排。

## 6.6.3 数据采集与处理

园区能源互联网综合监控系统的数据采集和处理流程，包括数据的实时采集、传输、存储和分析等过程。园区能源互联网综合监控系统作为一种智能化管理手段，在实现对园区能源系统的实时监测和分析中发挥着关键作用。

### 6.6.3.1 数据采集流程

（1）传感器实时采集

园区能源互联网综合监控系统的数据采集始于各种传感器对园区内能源设施和设备的实时监测。传感器通过监测温度、湿度、电流、电压等多种参数，将采集到的数据转化为电信号，以数字化形式输出。

（2）数据传输

采集到的数据通过网络或有线传输至数据采集设备，如数据采集器、数据记录仪等。在数据传输过程中，保证数据的准确性和完整性是至关重要的，因此网络稳定性和数据传输速度需要得到保障。

### 6.6.3.2　数据处理流程

（1）数据存储

采集到的数据经过数据采集设备的处理后，存储于系统的数据库中。数据存储的方式包括实时存储和历史存储，以便后续的分析和查询。

（2）数据分析

数据分析是园区能源互联网综合监控系统的核心环节。通过数据分析软件对采集到的数据进行处理，包括数据清洗、去噪、数据关联等，以提取出有价值的信息和趋势。

### 6.6.3.3　实现能源系统运行状态的实时监测和分析

（1）实时监测

通过园区能源互联网综合监控系统，能够实现对能源系统运行状态的实时监测。各种传感器采集到的数据能够即时反映能源设施和设备的运行情况，如电力消耗、供热供冷情况、照明能耗等。

（2）实时报警

系统能够根据设定的阈值和条件，实现对能源系统异常情况的实时监测和报警。一旦发现异常，系统会立即发出警报通知相关责任人员，以便及时采取措施。

（3）数据分析和预测

通过对历史数据和实时数据的分析，系统能够预测能源系统的运行趋势和未来的能源需求。这有助于制定合理的能源调度和管理策略，提高能源利用效率和节能减排水平。

### 6.6.3.4　数据处理的优化方案

（1）数据处理算法的优化

采用先进的数据处理算法和模型，提高数据处理的效率和准确性，如机器学习、人工智能等技术在数据处理中的应用。

（2）数据存储和备份策略

制定健全的数据存储和备份策略，确保数据的安全性和可靠性，防止数据丢失或损坏。

（3）数据共享与开放接口

系统应具备数据共享和开放接口的功能，与其他系统进行数据交互和共享，实现信息的互通和共享，提高整体数据利用效率。

园区能源互联网综合监控系统的数据采集和处理流程是保障系统正常运行和实现能源系统运行状态实时监测的关键环节。通过传感器的实时采集、数据传输、存储和分析等过程，实现了对园区能源系统的全面监控和管理。在未来的发展中，应进一步优化数据处理流程，采用先进的技术手段提高数据处理的效率和精度，为园区能源管理提供更加可靠和有效的支持。

### 6.6.4 预警与应急响应

园区能源互联网综合监控系统作为现代园区能源管理的重要工具，不仅具备实时监测和数据分析的功能，还具备了预警和应急响应功能，以应对能源系统可能出现的异常情况。

#### 6.6.4.1 预警功能的重要性

园区能源系统的平稳运行对园区的正常生产和生活至关重要。能源系统异常可能导致设备损坏、能源浪费甚至安全事故，因此及时发现并处理异常情况尤为重要。预警功能的引入，可以帮助园区管理者及时发现潜在问题，采取措施，做到防患于未然。

#### 6.6.4.2 预警指标的设定

园区能源互联网综合监控系统通过设定一系列预警指标来监测能源系统的运行状态。这些指标可以包括但不限于电力负荷的突增或突降、供热供冷系统的温度异常、照明设备的能耗异常、水泵运行异常等。

通过设定合理的预警指标，系统能够监测各项能源设备和系统的运行情况，一旦发现异常情况即可触发报警机制。

#### 6.6.4.3 报警机制的设计

园区能源互联网综合监控系统设计了多层次的报警机制，以确保异常情况能够得到及时响应。

①实时报警。当监测到的数据超出了设定的预警指标范围，系统会立即发出实时报警通知相关责任人员，以便及时采取措施。

②短信、邮件通知。报警信息除了在监控系统的界面上显示外，还可以通过短信、邮件等形式发送给相关人员，确保信息的及时传递和处理。

③声光报警器。对于严重的异常情况，系统还配备了声光报警器，以吸引更多人员的注意，加快应急响应速度。

#### 6.6.4.4 应急响应措施

园区能源互联网综合监控系统不仅具备预警功能，还能够配合实施相应的应急响应措施，以尽快解决问题，确保能源系统的安全平稳运行。

①自动切换备用设备。当监测到主要设备出现异常时，系统可以自动切换至备用设备，确保能源供应的连续性。

②远程控制和调度。管理人员可以通过远程控制功能，实时调整能源设备的运行参数，以应对突发情况，保证能源系统的正常运行。

③应急预案执行。园区能源管理部门制定了完善的应急预案，一旦发生异常情况，能够迅速启动应急预案，有序地应对各种突发事件。

园区能源互联网综合监控系统的预警和应急响应功能为园区能源管理提供了重要保障。通过设定预警指标和完善的报警机制，能够及时发现能源系统的异常情况，并通过应急响应措施迅速应对，保障了能源系统的安全平稳运行。

# 6.7 园区电动汽车充电与电网互动系统

## 6.7.1 电动汽车充电基础

随着环境保护意识的增强和新能源汽车的发展，电动汽车作为清洁能源交通工具逐渐受到人们的关注。

### 6.7.1.1 电动汽车充电的基本原理

电动汽车的动力来源于电池组，而电池组需要通过充电来获得能量。电动汽车充电的基本原理是将电能从外部供电系统传输到电动汽车的电池组中，通过充电管理系统对电池进行充电控制和保护。电动汽车充电桩示意图如图 6-6 所示。

图6-6　电动汽车充电桩示意图

### 6.7.1.2 充电设备类型

（1）交流充电桩（AC 充电桩）

交流充电桩是最常见的充电设备之一，主要用于低功率设备的家用充电。其特点是安装简便、成本较低，适用于日常充电需求，但充电速度相对较慢。

（2）直流快充桩（DC 快充桩）

直流快充桩是一种高功率快速充电设备，通常用于商业充电站或高速公路服务区。相比交流充电桩，直流快充桩具有更快的充电速度，能够在较短时间内为电动汽车充满电。

### 6.7.1.3　充电接口

充电接口在电动汽车与充电桩之间发挥电能传输的作用，不同地区和车型可能使用不同的充电接口标准。目前，国际上常用的充电接口标准包括 CHAdeMO、CCS（ Combined Charging System ）、Tesla Super Charger 等，其中 CCS 标准得到了广泛应用。

### 6.7.1.4　充电标准

充电标准是指充电设备和充电接口之间的技术规范和兼容性要求。在国际上，有许多充电标准被广泛采用，例如欧洲的 IEC 61851、美国的 SAEJ 1772、日本的 CHAdeMO 等，这些标准保证了不同型号和品牌的电动汽车可以在同一充电设备上进行充电。

### 6.7.1.5　充电方式和效率

（1）家庭充电

家庭充电通常采用交流充电桩，充电功率较低，充电速度较慢，符合普通家庭充电的需求，其充电效率取决于充电桩的功率和电动汽车的电池容量。

（2）公共充电站

公共充电站通常配备直流快充桩，充电功率较高，充电速度较快，适用于路边停车和长途旅行充电。直流快充桩可以在短时间内为电动汽车充满电，提高充电效率和使用便利性。

电动汽车充电技术是电动汽车普及的关键之一。不同类型的充电设备和充电接口、充电标准的出现，为电动汽车用户提供了更加便捷、高效的充电服务。了解电动汽车充电的基本原理和技术特点，对于推动电动汽车产业的发展具有重要意义。

## 6.7.2　园区电动汽车充电基础设施

本节讨论园区电动汽车充电基础设施的建设与布局，包括充电桩的选址、建设标准、充电桩的数量和分布等，强调基础设施的合理规划对电动汽车普及和使用的重要性。随着电动汽车的普及和推广，以及园区内电动汽车的使用逐渐增多，这对充电基础设施的建设提出了新的挑战。

### 6.7.2.1　充电基础设施的重要性

园区内的充电基础设施是电动汽车用户的关键支持系统之一，它直接影响着电动汽车的使用体验、充电便利性以及用户对园区的满意度。因此，合理规划和建设充电基础设施至关重要。

### 6.7.2.2　充电桩选址与建设标准

（1）选址考虑因素

交通便利性。充电桩应布置在园区内交通便利、用户容易到达的位置，如停车场、主要道路旁等。

电网容量。选址时需考虑电网容量是否足够支撑充电桩的运行，避免因电网负荷过大导致供电不稳定的问题。

场地安全性。充电桩应设置在安全可靠的场地，避免因安全隐患造成意外伤害。

（2）建设标准

符合国家标准。充电桩的建设应符合国家相关标准和规范，确保充电设施的安全性和可靠性。

技术先进性。选择先进的充电桩技术，支持不同类型电动汽车的快速充电，提升用户体验。

### 6.7.2.3　充电桩数量和分布规划

（1）数量规划

根据需求确定。充电桩数量应根据园区内电动汽车的数量和需求进行合理规划，充分满足用户的充电需求。

适度超前。预留一定的充电桩安装空间，以满足未来电动汽车数量增长的需求。

（2）分布规划

密集区域覆盖。在园区内人流密集、停车需求大的区域，应增设更多的充电桩，如商业中心、写字楼区等。

区域均衡性。充电桩应分布均匀，覆盖园区内各个区域，确保用户在任何地点都能方便、快捷地充电。

### 6.7.2.4　基础设施合理规划的重要性

（1）促进电动汽车普及

通过合理规划充电基础设施，可以有效促进电动汽车的普及和推广，提高用户对电动汽车的接受度。

（2）提升用户体验

充电基础设施的合理规划能够提升用户的使用体验，减少充电等待时间，增强用户对园区的满意度。

（3）促进园区可持续发展

园区充电基础设施的合理规划与建设是园区可持续发展的重要组成部分，有助于构建绿色低碳园区。

园区电动汽车充电基础设施的建设与布局需要考虑诸多因素，包括选址、建设标准、数量和分布等。合理规划的充电基础设施对电动汽车的普及和使用至关重要，能够提升用户体验，促进园区的可持续发展。

## 6.7.3　充电管理与智能控制

随着电动汽车的普及，园区电动汽车充电管理系统的设计和实现变得越来越重要。这个系统不仅需要有效管理充电桩的使用情况，还需要处理充电订单、计费等功能。

### 6.7.3.1　充电管理系统概述

园区电动汽车充电管理系统是一个综合性的管理平台，旨在有效管理园区内的充电桩资源，给电动汽车用户提供便捷的充电服务。该系统包括充电桩的远程监控、充电订单管理、用户账单计费等功能模块。

### 6.7.3.2 充电桩的管理平台

（1）远程监控

充电管理系统通过远程监控功能可以实时监测充电桩的工作状态，包括充电桩的连接状态、充电功率、充电时长等信息，以便及时发现并处理充电桩的故障或异常情况。

（2）充电桩分布地图

管理平台还应该提供充电桩分布地图，使用户可以方便地找到附近的充电桩，并了解各个充电桩的使用情况、空闲状态等信息。

### 6.7.3.3 充电订单管理

（1）充电预约

用户可以通过充电管理系统预约充电桩，选择充电时间、地点等，以减少等待时间，提高充电效率。

（2）充电订单记录

系统记录用户的充电订单信息，包括充电开始时间、结束时间、充电电量等，方便用户查询和系统进行统计分析。

### 6.7.3.4 充电费用计费

（1）计费标准设定

充电管理系统可以设定不同的充电费用计费标准，包括按充电时长计费、按充电电量计费等，以满足不同用户的需求。

（2）自动结算

系统可以根据用户的充电订单记录自动进行费用结算，生成相应的充电账单，并支持多种支付方式，如线上支付、预存款支付等。

### 6.7.3.5 智能控制技术的应用

（1）动态调度

通过智能控制技术，充电管理系统可以根据充电桩的使用情况和用户需求进行动态调度，合理分配充电资源，减少充电拥堵现象的发生，提高充电桩的利用率。

（2）优化管理

系统利用智能算法对充电桩的运行数据进行分析，不断优化充电桩的布局和管理策略，提高系统的稳定性和效率。

园区电动汽车充电管理系统的设计与实现是园区电动汽车普及的关键之一。合理的系统设计和功能实现，能够提高充电桩资源的利用率，优化充电服务体验，推动园区电动汽车的发展。同时，智能控制技术的应用能够使充电管理系统更加智能化、高效化，为用户提供更加便捷、快速的充电服务。在未来的发展中，园区电动汽车充电管理系统将继续发挥重要的作用，为园区绿色出行提供坚实的技术支持。

## 6.7.4　电网互动与智能充电调度

随着电动汽车的普及，园区电动汽车充电系统与电网之间的关系日益密切。

### 6.7.4.1　充电需求的预测与调度

（1）预测模型

园区电动汽车充电系统可以通过历史数据分析、用户行为模式和充电需求模型等，预测未来一段时间内的充电需求情况。

（2）调度策略

基于充电需求预测结果，系统可以制定合理的充电调度策略，优化充电资源的分配，避免出现充电拥堵或充电桩空闲的情况。

### 6.7.4.2　充电谷时段的优化利用

（1）充电谷时段

充电谷时段是指电网负荷较低的时段，通常出现在夜间或非工作日的特定时间段。

（2）利用方式

园区电动汽车充电系统可以通过智能调度技术，将电动汽车充电的高峰期安排在充电峰谷时段，充分利用电网负荷低谷时段的电力资源。

### 6.7.4.3　电动汽车电池的能量储备

（1）车辆到网（V2G）技术

车辆到网技术可以实现电动汽车电池的能量储备和电网的能量调节之间的双向交互。当电网负荷较高时，电动汽车可以将储存的能量释放到电网，降低负荷压力。

（2）能量管理系统

园区电动汽车充电系统需要配备有效的能量管理系统，实现对电动汽车电池能量的灵活调度和管理，确保在需要时能够及时提供电网支持。

### 6.7.4.4　智能充电调度技术的应用

（1）数据分析与算法

通过对历史充电数据的分析和建模，结合智能算法，可以实现对充电需求的准确预测和优化调度。

（2）实时监控与控制

园区电动汽车充电系统可以实时监控充电桩的使用情况和电网负荷状况，根据实时数据进行动态调整和控制，保持电网负荷的平衡和稳定。

### 6.7.4.5　提高电网负荷平衡和能源利用效率

通过智能充电调度技术的应用，园区电动汽车充电系统可以实现电网负荷的平衡，避免充电峰值对电网造成冲击，提高电网的稳定性和可靠性。同时，充分利用充电峰谷时段和车辆到网技术，可以提高能源利用效率，降低能源浪费。

### 6.7.5 可再生能源与电动汽车充电

随着对可再生能源的关注日益增加以及电动汽车的普及，园区可再生能源与电动汽车充电之间的关系日益密切。

#### 6.7.5.1 太阳能与电动汽车充电

（1）太阳能光伏板

太阳能光伏板是将太阳光转换为电能的装置，广泛应用于园区的建筑物、停车场等场所的屋顶或地面。

（2）光伏充电桩

光伏充电桩将太阳能光伏板收集的太阳能转换成电能为电动汽车充电，将太阳能转化为电动汽车的动力源。

（3）太阳能的优势

环保：太阳能是清洁、可再生的能源，光伏充电桩的使用有利于减少对传统能源的依赖，减少碳排放。

节能：利用太阳能充电，减少了对传统电力的消耗，有助于园区能源的节约和管理。

#### 6.7.5.2 风能与电动汽车充电

（1）风力发电机

风力发电机是将风能转换为机械能，再通过发电机将机械能转化为电能的装置，常设于开阔的地区或海域。

（2）风能充电桩

风能充电桩利用风力发电机发电产生的电能为电动汽车充电，将风能转化为电动汽车的能源。

（3）风能的优势

可再生：风能是无尽的可再生资源，风能充电桩的使用有利于减少对有限能源的消耗，实现能源的可持续利用。

稳定性：风能具有较高的稳定性和可预测性，风能充电桩在适当的地点可以稳定地为电动汽车提供充电服务。

#### 6.7.5.3 新型充电设备的发展与应用

（1）光伏充电桩技术

光伏充电桩技术不断创新发展，采用高效的光伏电池和充电控制系统，可以提高光伏能量的转换效率和充电速度。

（2）风能充电桩技术

风能充电桩技术也在不断创新，采用先进的风力发电技术和智能控制系统，可以提高风能的捕捉效率和充电效率。

### 6.7.5.4　可再生能源与电动汽车充电的结合

（1）优化充电策略

结合太阳能和风能等可再生能源的特点，制定智能的充电策略，将充电峰谷与能源供给进行有效匹配，实现充电需求的合理调度。

（2）电网支持

可再生能源充电系统还可以与电网相连，将多余的能量储存到电网中，以备不时之需，为电网的稳定运行提供支持。

园区可再生能源与电动汽车充电之间存在着密切的关系，利用太阳能、风能等可再生能源为电动汽车提供充电服务是未来发展的趋势。随着光伏充电桩和风能充电桩等新型充电设备的不断发展和应用，园区的电动汽车充电设施将更加智能化、高效化，为可持续能源利用和环保出行作出积极贡献。因此，在未来的发展中，应加大对园区可再生能源与电动汽车充电技术的研究和应用，促进可再生能源与电动汽车充电的深度结合，共同推动园区能源的可持续发展。

# 6.8　园区碳排放监控

## 6.8.1　碳排放监控的意义和目的

随着全球气候变化日益加剧和环境保护意识的增强，低碳工业园区能源互联网系统的建设和运行受到了越来越多的关注。在这一系统中，碳排放监控起着至关重要的作用。

### 6.8.1.1　碳排放监控的重要性

（1）环境保护

控制碳排放可以减少温室气体的释放，降低对大气的污染，保护生态环境，维护生态平衡。

（2）资源节约

有效监控碳排放可以促进资源的合理利用，降低能源消耗，减少对非可再生资源的依赖，实现资源的可持续利用。

（3）低碳发展

通过监控碳排放并采取相应的措施，可以推动园区向低碳发展目标迈进，提升产业竞争力，促进可持续发展。

### 6.8.1.2　碳排放监控的意义

（1）实现节能减排目标

通过监控碳排放，可以及时发现并分析园区内各个环节的能源消耗情况，并制定相应的节能减排措施，实现节能减排目标。

（2）优化资源配置

通过监控碳排放，可以分析能源利用效率，优化资源配置，合理安排能源供应和使用，减少能源浪费，提高资源利用效率。

（3）引导产业升级

碳排放监控结果可以为园区内的企业提供参考，引导企业进行技术升级和产业结构调整，促进产业升级和经济转型。

### 6.8.1.3 实施碳排放监控的措施

（1）数据采集与分析

建立完善的碳排放监控系统，通过数据采集和分析，实时监测和评估园区的碳排放情况，为决策提供科学依据。

（2）制定管理政策

根据碳排放监控结果，制定相应的管理政策和措施，明确责任分工，加强对碳排放的监控和管理。

（3）宣传教育与参与

加强碳排放监控的宣传教育工作，提升园区内企业和居民的环保意识，促进大家共同参与碳减排工作。

碳排放监控在低碳工业园区能源互联网系统中具有重要的意义和作用。通过监控碳排放，可以实现园区的低碳发展目标，减少温室气体排放，减少碳足迹，保护环境。因此，在园区能源互联网系统的规划和建设中，应充分重视碳排放监控工作，建立健全的监控体系，实施有效的措施，推动园区向着低碳、绿色、可持续发展的方向迈进。同时，政府、企业和社会各界应加强合作，共同推动碳排放监控工作的落实，为建设美丽中国、实现可持续发展贡献力量。

## 6.8.2 监控对象和范围

随着全球对气候变化和环境保护的日益关注，园区碳排放监控成为了一项重要的任务。本节将讨论园区碳排放监控的对象和监测范围，包括园区内各个产业和部门的碳排放情况，涉及工业生产、能源消耗、交通运输、建筑能耗等方面。

### 6.8.2.1 碳排放监控的对象

（1）工业生产

工业生产是园区内主要的碳排放源之一。各类工业生产过程中的能源消耗、原材料使用、生产排放等均会产生碳排放。

（2）能源消耗

园区内的能源消耗是碳排放的重要来源，包括电力、燃气、石油等能源的生产、转运、使用等环节。

（3）交通运输

园区内的交通运输活动也会产生大量的碳排放，包括员工通勤、货物运输、机动车辆的使用等。

（4）建筑能耗

园区内建筑的能耗情况也是碳排放监控的重要对象，包括建筑物的供暖、照明、空调等能源消耗情况。

#### 6.8.2.2　监测范围

（1）工业排放

对园区内主要工业企业的生产过程进行监测，包括原材料的采购、生产过程中的能源消耗、废气的排放等。

（2）能源消耗

监测园区内各类能源的消耗情况，包括电力、燃气、石油等能源的使用量、消耗比例和排放情况。

（3）交通排放

监测园区内交通运输活动的情况，包括机动车辆的使用情况、交通拥堵情况、尾气排放量等。

（4）建筑能耗

监测园区内建筑的能耗情况，包括建筑的能源利用效率、能耗结构、能源消耗趋势等。

园区碳排放监控的对象和监测范围涉及到园区内各个产业和部门的碳排放情况，包括工业生产、能源消耗、交通运输、建筑能耗等方面。建立完善的监测系统和技术手段，对各个环节进行全面监测和评估，有助于深入了解碳排放的来源和规律，为制定有效的碳排放减排策略和措施提供科学依据，推动园区的低碳发展和可持续发展。因此，加强园区碳排放监控工作，提高碳排放的监测精度和有效性，是保障园区环境质量和实现可持续发展的重要举措。

### 6.8.3　监测技术与方法

#### 6.8.3.1　实时监测设备

实时监测设备是实现碳排放监控的重要手段之一。常见的实时监测设备包括气体传感器、光谱仪、红外线探测器等。

#### 6.8.3.2　数据采集系统

数据采集系统是将实时监测设备获取的数据进行采集、传输和存储的系统。通常采用传感器网络、数据传输协议等技术实现数据的采集和传输。

（1）优点

可以实现远程监控和数据管理，方便操作和管理；数据传输稳定，能够确保数据的完整性和安全性；支持数据分析和处理，为碳排放监测提供科学依据。

（2）缺点

部署和维护成本较高；需要专业人员进行系统配置和管理。

### 6.8.3.3　碳排放计量方法

在园区碳排放监测中，常用的碳排放计量方法包括废气排放测量、能源消耗测量、生产工艺分析等。

### 6.8.3.4　应用情况

在园区碳排放监测中，常常采用多种技术和方法相结合的方式进行监测和分析。例如，通过部署实时监测设备，将数据传输至数据采集系统进行处理和分析，再结合碳排放计量方法，全面了解园区的碳排放情况，为制定科学的碳排放管理政策提供依据。

碳排放监控技术和方法的不断发展和应用，为园区碳排放管理提供了有效的手段和支持。通过合理选择和运用不同的监测技术和方法，可以实现对园区碳排放的全面监控和管理，促进园区向低碳发展的方向迈进。然而，随着科技的不断进步，碳排放监控技术也在不断演变和完善，未来将会有更多更先进的技术和方法应用于碳排放监测领域，为园区的碳排放管理提供更加强大的支撑。

## 6.8.4　碳排放数据管理与分析

### 6.8.4.1　数据采集

（1）传感器技术

传感器技术是常用的数据采集方式之一，通过各类传感器实时监测空气中的碳排放浓度、工业设备的碳排放量等数据。

（2）远程监测设备

远程监测设备可以远程获取设备运行数据、能源消耗情况等信息，使得数据采集更为全面和便捷。

### 6.8.4.2　数据存储

（1）数据库技术

采用数据库技术进行数据存储，可以高效地存储大量的碳排放数据，并支持数据的快速检索和查询。

（2）云存储

借助云存储技术，可以将数据存储在云端服务器上，提高数据的安全性和可靠性，并实现数据的远程访问和共享。

### 6.8.4.3　数据处理与分析

（1）数据清洗和预处理

对采集到的原始数据进行清洗和预处理，包括去除异常数据、填补缺失值等，确保数据的准确性和完整性。

（2）数据挖掘和分析

采用数据挖掘和分析技术，对大量的碳排放数据进行分析和挖掘，发现数据之间的关联性和规律性，为碳排放管理提供决策支持。

#### 6.8.4.4　建立碳排放数据库和监测平台

（1）数据库建设

建立碳排放数据库，将采集到的数据进行整合和存储，构建起完整的碳排放数据档案。

（2）监测平台搭建

搭建碳排放监测平台，集成数据采集、存储、处理和分析等功能，实现对碳排放数据的全面监控和管理。

#### 6.8.4.5　数据可视化展示与分析

（1）数据可视化技术

利用数据可视化技术，将碳排放数据以图表、曲线等形式直观地呈现，帮助用户快速了解碳排放情况和变化趋势。

（2）智能分析与报告

通过智能分析算法，对碳排放数据进行深入分析，并生成相应的报告和分析结果，为决策者提供参考和建议。

#### 6.8.4.6 应用情况

以上方法和技术已在许多园区和企业的碳排放管理中得到了广泛应用，通过建立完善的碳排放数据管理系统和监测平台，实现了对碳排放数据的全面监控和管理，为企业和园区的碳排放管理提供了有力支持。

通过合理利用数据采集、存储、处理和分析技术，建立碳排放数据库和监测平台，实现数据的可视化展示和分析，有助于企业和园区对碳排放数据进行科学管理和有效监控，为减少碳排放、节能减碳提供重要参考依据，助力于可持续发展的实现。随着技术的不断发展，碳排放数据的管理与分析将更加智能化和精准化，为碳排放治理和环境保护提供更有效的支持。

## 思考题

1. 什么是园区能源互联网系统？其概念与传统能源系统的区别是什么？

2. 能耗审计在低碳工业园区能源管理中的重要性和意义是什么？

3. 如何将风能、光能、热能等多种能源有机地集成到一个系统中，实现能源的协同供应和互补利用？

4. 园区多能互补系统在提高能源利用效率、降低能源浪费方面有什么优势？有什么技术挑战？

5. 园区光伏并网接入在实践中应遵循什么技术方案和接入方式？

6. 园区节能技术在低碳工业园区能源互联网系统中的重要性是什么？

7. 园区能源互联网综合监控系统的概念和基本原理是什么？

8. 如何合理地设计园区电动汽车系统，使其在提高充电桩资源的利用率的同时优化充电服务体验？

9. 碳排放监控在低碳工业园区能源互联网系统中的目的和意义是什么？

10. 园区碳足迹分析未来的发展趋势和方向有哪些？请阐述其未来可能面临的机遇和挑战，以及发展方向和应对策略。

# 参考文献

[1] Boyle, Godfrey. Renewable Energy: Power for a Sustainable Future[M]. Oxford : Oxford University Press, 2012.

[2] Lund, Henrik, et al. The status and perspectives on 100% renewable energy systems[J]. Energy，2019,175：471-480.

[3] Luque, Antonio, Steven. Handbook of Photovoltaic Science and Engineering[M]. Hoboken: John Wiley & Sons, 2011.

[4] John A. Duffie, William A. Beekman. Solar Engineering of Thermal Processes[M]. Hoboken: John Wiley & Sons, 2013.

[5] Rybach, Ladislaus. Geothermal sustainability[J]. Renewable and Sustainable Energy Reviews, 2010 (14): 1736-1743.

[6] J W. Lund, T L. Boyd. Direct utilization of geothermal energy 2015 worldwide review[J]. Geothermics, 2016(60): 66-93.

[7] Zakeri, Behnam, Sanna. Electrical energy storage systems: a comparative life cycle cost analysis[J]. Renewable and Sustainable Energy Reviews, 2015(42): 569-596.

[8] Hua J. Recent advances in thermal energy storage technologies and their applications[J]. Progress in Energy and Combustion Science,2016(52): 1-32.

[9] Lu, Lin, Song. A review on the development of wind turbine generators across the world[J]. Renewable and Sustainable Energy Reviews,2021(151): 111-657.

[10] Lund, et al. The status and perspectives on 100% renewable energy systems[J]. Energy, 2019(175): 471-480.

[11] Zhang Peng, et al. Wind-solar complementary power generation: A comprehensive review[J]. Renewable Energy,2021(176): 1241-1256.

[12] 金龙，高岩. 可再生能源智能调度算法研究综述 [J]. 电力系统自动化,2021,45(19): 11-18.

[13] Lu M, Lu L, Yang H. Techno-economic analysis of distributed energy storage system in microgrid operation with renewable energy integration[J]. Applied Energy, 2015(157): 95-104.

[14]Green, Martin A. Hishikawa, Yoshihiro Dunlop,et al. Solar cell efficiency tables (version 53)[J]. Progress in Photovoltaics: Research and Applications, 2019,27(1): 3-12.

# 第7章 绿色低碳工业园区评价体系

**本章导读**

　　本章阐述我国绿色建筑评价体系和标准，介绍联合国工业发展组织、国家发改委、工信部、生态环保部的绿色低碳工业园区评价体系。通过介绍评价体系指标，给读者解读一个全面的绿色低碳工业园区评价体系框架。

## 7.1 我国绿色建筑评价体系与标准

　　我国建筑的绿色发展从总体上来说必须符合国家生态文明发展的背景、必要性、战略思想和指导原则，进而提出一定的发展目标和社会目标，对策的重点之一是建立相关的法规体系，保障建筑业的发展沿可持续的轨道顺利进行。研究和制定绿色建筑体系评价指标体系是我国建筑可持续发展法规研究的一部分，不仅能指导具体建筑设计的决策，更是政府决策部门制定有关发展政策的基础。

　　我国对于绿色建筑评价体系的研究，相对于世界上其他国家而言起步较晚。2001年专家们在深入探讨和研究各国绿色生态建筑住宅产业、绿色生态建筑产业技术的基础上，结合当时我国实际发展情况完成了我国第一部生态住宅评价标准，即《中国生态住宅评价标准》。2003年，为了支持绿色奥运，履行"绿色奥运"的承诺，在清华大学的指导下，北京科学技术委员会制定了一套《绿色奥运建筑评价体系》（GOBAS），这是我国推出的第一个绿色评价标准体系。随后国家于2006年发布标准《绿色建筑评价标准》（GB/T 50378—2006），并于2014年、2019年对该标准进行了两次修订。其中，2014版在2006版的基础上，大类指标多出了"施工管理"和"提高与创新"，这是由于评价对象由2006版的住宅建筑和公共建筑中的办公建筑、商场建筑和酒店建筑扩展至各类民用建筑，并且对施工期间的节材节水等也进行了要求，以及对新技术设置了加分项。2019版在2014版的基础上进一步优化调整，主要指标从"四节一环保"调整为"五大性能"，指标数量更精简，也更容易理解和操作；并且增加了"健康舒服"和"生活便利"等更加注重以人为本的发展指标，同时符合国家新时代鼓励创新的发展方向，注重质量和效益共同发展。

　　建立绿色建筑的评价是推广绿色建筑的主要方式，我国现已建立了"绿色建筑评价标识"制度，即依据《绿色建筑评价标准》确认绿色建筑等级并进行信息性标识的制度。目前，我国绿色建筑评价标识活动采用的是由政府组织、社会自愿参与的方式。绿色建筑评价标识分为"绿色建筑设计评价标识"和"绿色建筑评价标识"两种，前者是针对已完成施工设计图审查的住宅建筑和公共建筑，有效期1年；后者是针对已经竣工并投入使用1年以上的建筑，有效期3年。

2010年8月发布的《绿色工业建筑评价导则》，将绿色建筑的标识评价工作进一步拓展到了工业建筑领域，标志着我国绿色建筑评价工作正式走向细分化的道路，为指导现阶段我国工业建筑规划设计、施工验收、运行管理以及规范绿色工业建筑评价工作提供了重要的技术依据。2010年11月国家标准《建筑工程绿色施工评价标准》（GB/T 50640–2010）及行业标准《民用建筑绿色设计规范》（JGJ/T 229–2010）分别颁布，前者标志着一直备受关注的绿色施工评价进入可操作层面；后者则弥补了绿色建筑标准规范领域无设计规范的空白，可在建筑项目的规划设计阶段为实现绿色建筑目标提供重要的技术依据。

此外，我国还制（修）订了大批与绿色建筑相关的节地、节能、节水、节材、室内外环境和运行管理方面的工程建设标准和产品标准；各地方基于国家标准并结合当地实际，相继出台了一大批针对性更强的绿色建筑地方标准，基本形成了较为完整的标准体系，如表7-1所示。

表7-1　我国绿色建筑标准体系

| 阶段 | 标准名称 | | 标准编号 |
|---|---|---|---|
| 设计 | 民用建筑绿色设计规范 | | JGJ/T 229—2010 |
| | 民用建筑绿色性能计算标准 | | JGJ/T 449—2018 |
| 施工 | 建筑工程绿色施工评价标准 | | CB/T 50640—2010 |
| | 建筑工程绿色施工规范 | | GB/T 50905—2014 |
| 运行 | 绿色建筑运行维护技术规范 | | JGJ/T 391—2016 |
| | 绿色照明检测及评价标准 | | CB/T 51268—2017 |
| 竣工 | 绿色建筑工程竣工验收标准 | | T/CECS 494—2017 |
| 评价 | 新建建筑 | 绿色工业建筑评价标准 | CB/T 50878—2013 |
| | | 绿色办公建筑评价标准 | CB/T 50908—2013 |
| | | 绿色铁路客站评价标准 | TB/T 10429—2014 |
| | | 绿色商店建筑评价标准 | CB/T 51100—2015 |
| | | 绿色医院建筑评价标准 | CB/T 51153—2015 |
| | | 绿色博览建筑评价标准 | CB/T 51148—2016 |
| | | 绿色饭店建筑评价标准 | GB/T 51165—2016 |
| | | 绿色建筑评价标准 | CB/T 50378—2019 |
| | 既有改造 | 既有建筑绿色改造评价标准 | CB/T 51141—2015 |
| | | 既有社区绿色化改造技术标准 | JGJ/T 425—2017 |
| | 生态城区 | 绿色生态城区评价标准 | GB/T 51255—2017 |
| | | 绿色校园评价标准 | CB/T 51356—2019 |

　　绿色建筑评估体系是一项复杂的系统工程，它以可持续发展战略为指导，以保护自然资源并促进建筑与生态环境相协调为主题，基本的要求包含：一是促进评估体系的量化指标与我国已颁发的规范、标准相统一，并把现行规范、标准作为评估体系指标的基础；二是评估体系应该客观并且结果应直观明了，通过评估体系的评估，公众可以简单明确地了解建筑物的环保性能和品质。

　　绿色建筑评估体系是我国绿色建筑体系的重要组成部分，由于绿色建筑设计客观上涉及多学科、多角度、多要素，故其评价体系的建构过程极为复杂，它是多学科综合努力的结果，而且这种评价体系还面临着区域性和时段性的问题，因而体系的建立有待推进多学科的融合和学者间的长期通力协作。在研究制定符合我国国情、具有中国特点的绿色建筑评估体系时，必须保持对当今前沿新技术的敏感，同时还应关注传统技术的更新应用，在现代与传统、国际性与地域性各种文化交流共存的基础上，对各种技术进行综合利用，达成评价系统的最优效益。

# 7.2　生态工业园区国际评价框架

　　在过去的几十年中，建立工业园区被认为是将工业活动与商业、基础设施和服务结合在一起的有效方式。但是，人们普遍认为，工业园区的性质可能既会产生积极影响，也同时可能产生消极影响。虽然工业园区有助于经济增长，但它们也有可能带来集中的环境污染和社会的负面影响，包括温室气体（GHG）排放、污染、资源枯竭、低劳工标准以及当地社区居民的不满情绪。

　　随着发展中经济体和新兴经济体不断追求增加工业产出，我们迫切需要使经济增长与环境和资源浪费相脱离，以实现更广泛的社会目标。当前，应利用已有机会和条件来战略性地规划和有效管理工业园区，以促进理想的经济、社会和环境目标的实现。

　　因此，生态工业园区（EIP）的概念逐渐被看作是一项有效的途径，能够有效应对可持续发展目标（SDG）和包容与可持续工业发展相关目标的挑战。丹麦、法国、日本和韩国等国家，以生态工业园区为工具，落实更具包容性和可持续性的行动，提高了工业竞争力，同时达到应对气候变化的目标，使生态工业园区的概念得到了进一步发展。

## 7.2.1　生态工业园区框架

　　联合国工业发展组织在《生态工业园区国际框架》中指出，生态工业园区框架围绕四个关键类别对生态工业园区的评价提出要求，即园区管理绩效、环境绩效、社会绩效和经济绩效。生态工业园区评价指标框图如图 7-1 所示。这是定义和设置生态工业园区先决条件和绩效要求的基础，生态工业园区必须遵守所有适用的国家和地方法规，同时达到本框架中规定的更广泛的绩效要求。本框架阐述了生态工业园区的绩效要求，以便在环境和社会影响方面实现并超越监管要求。

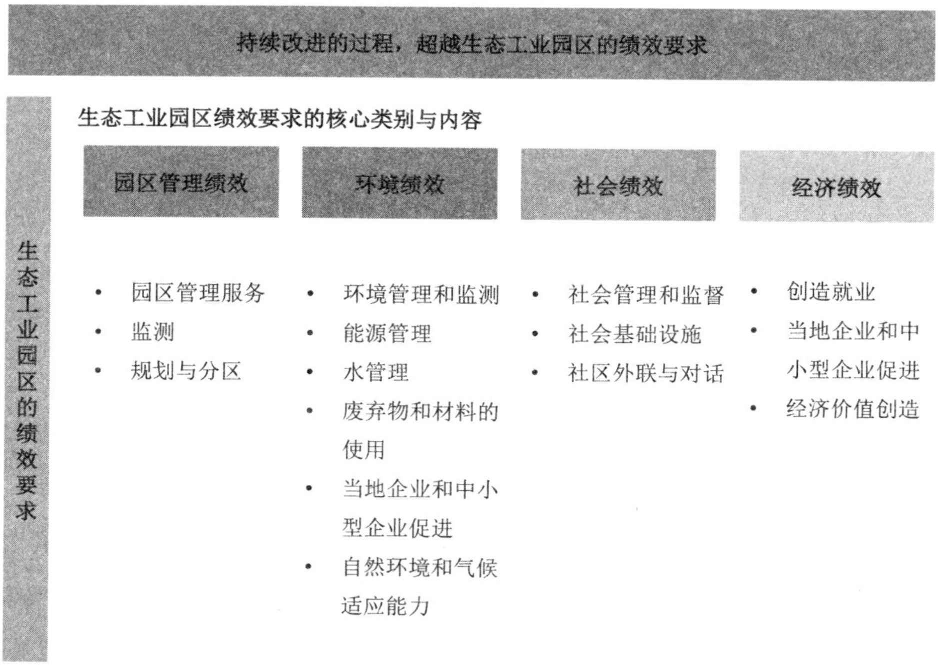

| 持续改进的过程，超越生态工业园区的绩效要求 |
| --- |

生态工业园区的绩效要求

生态工业园区绩效要求的核心类别与内容

| 园区管理绩效 | 环境绩效 | 社会绩效 | 经济绩效 |
| --- | --- | --- | --- |
| • 园区管理服务<br>• 监测<br>• 规划与分区 | • 环境管理和监测<br>• 能源管理<br>• 水管理<br>• 废弃物和材料的使用<br>• 当地企业和中小型企业促进<br>• 自然环境和气候适应能力 | • 社会管理和监督<br>• 社会基础设施<br>• 社区外联与对话 | • 创造就业<br>• 当地企业和中小型企业促进<br>• 经济价值创造 |

**图7-1 生态工业园区评价指标框图**

（1）园区和企业层面的监管合规性

无论园区具有怎样的地理位置和特征属性，遵守国家和地方法规是对所有工业园区的强制性要求。作为入驻企业的集体实体，生态工业园区必须遵守所有适用的国家和地方法律、法规和标准。在将本框架应用于特定园区时，利益攸关方（通常是地方当局以及相关的生态工业园区管理团队和投资者）将被要求检查是否合规。

当国家法规不及预期的国际合规要求时，生态工业园区应当基于国际义务遵守相关的共同标准。我们认识到，国家和地方法规的严格程度因国家而异，在某些情况下，也会因部门而异。因此，在监管框架尚未完全成熟的国家，合规性也可以参考适用于园区及其入驻企业的基本国际标准。遵守国家/当地法规的合规要求和践行良好国际商业做法的精神在工业园区层面（例如园区管理主体、业主）和企业层面（例如在园区里经营的个体小型、中型和大型企业）同等适用。

（2）生态工业园区的绩效要求

本生态工业园区框架提出了生态工业园区的先决条件和绩效要求，并且提出了关于环境、社会、经济和园区管理绩效的国际要求，这主要是为了向生态工业园区利益攸关方提供有关可持续工业发展的信息。本框架中的特定要求不是规定性的，也不构成一份详尽清单。鉴于全球园区的类型、功能和监管环境的差异，以及工业园区涵盖了广泛的工业部门，这使得在决定如何在特定背景下实施本生态工业园区框架时，需要具备对当地规范和标准的敏感度。

（3）超越生态工业园区的绩效要求

根据生态工业园区方面的良好行业惯例，园区和企业层面的持续系统和流程改进具有重要的意义，即应该寻求超越要求的准则，达到生态工业园区要求是工业园区可持续性标准的基本要求。在技术、社会和经济上可行的情况下，生态工业园区必须努力寻求超越本书中提出的期望要求。由于工业园区的背景和发展阶段各异，生态工业园区有机会在特定领域（例如环境可持续性方面）优先达到绩效标准。

## 7.2.2　确定生态工业园区的绩效要求

在有意义、可实现的生态工业园区绩效要求之间取得平衡，这对于发展中国家和转型经济体来说具有重要意义。本框架中概述的要求旨在寻求平衡，即在设定有意义的要求水平与不为园区设定过高要求之间取得平衡，因为过高的要求会导致一些园区虽实施了成功且有影响力的举措，但仍无法达到生态工业园区的标准。这些要求按类别、主题和子主题分类，（子）主题的相关性可能取决于生态工业园区的地理位置和类型。因此，将这些标准应用于工业园区时需要考虑其敏感性。但是，所有（子）主题都很重要，并且在确定园区是否可被视为生态工业园区时应予以考虑。

本生态工业园区框架的要求包括先决条件和绩效要求。先决条件强调了对生态工业园区的基本要求，绩效要求提出了生态工业园区必须达到的预期绩效水平的指标，这些要求应涵盖定性和定量指标。该方法有助于增加灵活性，并且使得这些要求可用于评估不同类型的工业园区。

在确定生态工业园区的构成要素相关主题时，应重点考虑以下方面：

①超越国家合规标准。在此方面针对工业园区选定绩效主题，一般需要超越发展中国家和转型经济体在环境和社会要求方面制定的地方和国家法规（"超越合规"）。

②满足关键的环境和社会要求。本框架侧重主要的环境、社会和经济影响，而非详细的要求，因为这些要求可能因工业园区而异。此外，还旨在实现定性与定量指标之间的平衡。

③关注工业园区管理主体可以控制或影响的领域。这些主题需要涉及园区／企业层面能够影响的重大环境、社会、经济影响或效益，这包括可由园区管理主体或工业园区的入驻企业监控、管理或影响的指标。

④主题的实践性和实施的可行性。要与现实生产活动的实践保持一致，而不一定参照理论上可取的做法。在一些国家，企业遵守地方和国家法规已经是一个具有挑战性和复杂性的过程。数据可用性、可测量性和机密性也是非常重要的考虑因素。此外，指标不应对园区管理主体／运营者实体或企业造成过重负担，建议指标应易于监测、测量和报告，以便于尽可能利用现有或可用的标准和数据。

⑤全球适用性。指标应与新建工业园区（绿地）和现有（棕地）工业园区相关。本国际框架没有提出特殊或仅适用于特定情况的指标，而是希望这些指标对所有国家适用。

⑥符合竞争要求。目前有许多措施有助于园区管理主体和提高企业竞争力，以及改善

工业园区的设计和管理。这些措施可能包括：提高资源效率（从而降低成本）；鼓励协同商业发展（例如通过供应、公用设施、副产品和服务协同）；降低风险（例如环境和社会风险或商业风险）；确保园区长期的经营许可和生存能力；集体解决政府和社区的要求。

# 7.3 绿色园区评价指标体系

按照党中央、国务院关于生态文明建设的决策部署，牢固树立创新、协调、绿色、开放、共享的发展理念，落实供给侧结构性改革要求，以促进全产业链和产品全生命周期绿色发展为目的，以企业为建设主体，以公开透明的第三方评价机制和标准体系为基础，保障绿色制造体系建设的规范和统一，以绿色工厂、绿色产品、绿色园区、绿色供应链为绿色制造体系的主要内容。加强政府引导和公众监督，发挥地方的积极性和主动性，优化政策环境，发挥财政奖励政策的推动作用和试点示范的引领作用，发挥绿色制造服务平台的支撑作用，提升绿色制造专业化、市场化公共服务能力，促进形成市场化机制，建立高效、清洁、低碳、循环的绿色制造体系，把绿色制造体系打造成为制造业绿色转型升级的示范标杆、参与国际竞争的领军力量。

绿色园区是突出绿色理念和要求的生产企业和基础设施集聚的平台，侧重于园区内工厂之间的统筹管理和协同链接。推动园区绿色化，要在园区规划、空间布局、产业链设计、能源利用、资源利用、基础设施、生态环境、运行管理等方面贯彻资源节约和环境友好理念，从而打造出布局集聚化、结构绿色化、链接生态化等特色的绿色园区。从国家级和省级产业园区中选择一批工业基础好、基础设施完善、绿色水平高的园区，加强土地节约集约化利用水平，推动基础设施的共建共享，在园区层级加强余热余压废热资源的回收利用和水资源循环利用，建设园区智能微电网，促进园区内企业废物资源交换利用，补全完善园区内产业的绿色链条，推进园区信息、技术服务平台建设，推动园区内企业开发绿色产品，主导产业创建绿色工厂，龙头企业建设绿色供应链，实现园区整体的绿色发展。

绿色园区评价指标体系包括能源利用绿色化指标、资源利用绿色化指标、基础设施绿色化指标、产业绿色化指标、生态环境绿色化指标、运行管理绿色化指标六个方面。具体如表7-2所示。

表7-2 绿色园区评价指标体系

| 一级指标 | 序号 | 二级指标 | 引领值 | 类型 |
|---|---|---|---|---|
| 能源利用绿色化指标（EG） | 1 | 能源产出率 | 万元/tce | 必选 |
| | 2 | 可再生能源使用比例 | % | 必选 |
| | 3 | 清洁能源使用率 | % | 必选 |

续表

| 一级指标 | 序号 | 二级指标 | 引领值 | 类型 |
|---|---|---|---|---|
| 资源利用绿色化指标（RG） | 4 | 水资源产出率 | 元/m³ | 必选 |
| | 5 | 土地资源产出率 | 亿元/km³ | 必选 |
| | 6 | 工业固体废弃物综合利用率 | % | 必选 |
| | 7 | 工业用水重复利用率 | % | 必选 |
| | 8 | 中水回用率 | % | 4项指标选2项 |
| | 9 | 余热资源回收利用率 | % | |
| | 10 | 废气资源回收利用率 | % | |
| | 11 | 再生资源回收利用率 | % | |
| 基础设施绿色化指标（IG） | 12 | 污水集中处理设施 | — | 必选 |
| | 13 | 新建工业建筑中绿色建筑的比例 | % | 2项指标选1项 |
| | 14 | 新建公共建筑中绿色建筑的比例 | % | |
| | 15 | 500米公交站点覆盖率 | % | 2项指标选1项 |
| | 16 | 节能与新能源公交车比例 | % | |
| 产业绿色化指标（IG） | 17 | 高新技术产业产值占园区工业总产值比例 | % | 必选 |
| | 18 | 绿色产业增加值占园区工业增加值比例 | % | 必选 |
| | 19 | 人均工业增加值 | 万元/人 | 2项指标选1项 |
| | 20 | 现代服务业比例 | % | |
| 生态环境绿色化指标（HG） | 21 | 工业固体废弃物(含危废)处置利用率 | % | 必选 |
| | 22 | 万元工业增加值碳排放量消减率 | % | 必选 |
| | 23 | 单位工业增加值废水排放量 | t/万元 | 必选 |
| | 24 | 主要污染物弹性系数 | — | 必选 |
| | 25 | 园区空气质量优良率 | % | 必选 |
| | 26 | 绿化覆盖率 | % | 3项指标选1项 |
| | 27 | 道路遮荫比例 | % | |
| | 28 | 露天停车场遮荫比例 | % | |
| 运行绿色化指标（MG） | 29 | 绿色园区标准体系完善程度 | — | 必选 |
| | 30 | 编制绿色园区发展规划 | — | 必选 |
| | 31 | 绿色园区信息平台完善程度 | — | 必选 |

工业园区绿色指数的计算方法如公式 7-1 所示。

$$GI = \frac{1}{24}\left[\sum_{i=1}^{3}\frac{EG_i}{EG_{bi}} + \sum_{j=1}^{6}\frac{RG_j}{RG_{bj}} + \sum_{k=1}^{3}\frac{IG_k}{IG_{bk}} + \sum_{f=1}^{3}\frac{CG_f}{CG_{bf}} + \sum_{l=1}^{6}\frac{RG_l}{RG_{bl}}\left(or\ \frac{HG_{bl}}{HG_l}\right) + \sum_{p=1}^{3}\frac{MG_p}{EG_{bp}}\right]\times100 \tag{7-1}$$

式中：

$GI$——工业园区绿色指数；

$EG_i$——第 $i$ 项能源利用绿色化指标值；

$EG_{bi}$—— $i$ 项能源利用绿色化指标引领值；

$RG_i$——第 $i$ 项资源利用绿色化指标值，

$RG_{bi}$——第 $i$ 项资源利用绿色化指标值；

$IG_i$——第 $i$ 项基础设施绿色化指标值，

$IG_{bi}$—— $i$ 项基础设施绿色化指标引领值；

$CG_i$——第 $i$ 项产业绿色化指标值，

$CG_{bi}$——第 $i$ 项产业绿色化指标值；

$HG_i$——第 $i$ 项生态环境绿色化指标值，

$HG_{bi}$—— $i$ 项生态环境绿色化指标引领值；

$MG_i$——第 $i$ 项运行管理绿色化指标值，

$MG_{bi}$——第 $i$ 项运行管理绿色化指标值。

注：正向指标（越大越好的指标）和逆向指标（越小越好的指标）数值的无量纲化分别采用指标值／引领值、引领值／指标值。在全部指标中，单位工业增加值废水排放量和主要污染物弹性系数属于逆向指标，无量纲化方法采用引领值指标值。

# 7.4 国家生态工业示范园区技术标准

国家生态工业示范园区建设是深入贯彻习近平生态文明思想的重要举措。建设国家生态工业示范园区，符合以人为本、全面协调可持续发展的要求，体现了人与自然、社会和谐共生、良性循环、全面发展、持续繁荣的生态文明宗旨，有利于提高园区经济发展质量、推动园区发展的生态化转型、促进区域资源环境与经济协调发展，是在区域层面和工业领域深入贯彻落实习近平生态文明思想的重要举措。

国家生态工业示范园区建设是加快转变经济发展方式、调整产业结构的重要抓手。作为现代产业快速发展不可或缺的载体，工业园区在我国经济发展中的地位和作用日益显现。建设国家生态工业示范园区，通过合理规划循环经济产业链、培育生态产业网络体系，有利于实现资源共享和产业共生，提高资源能源利用效率和产出率，推动经济发展方式由粗放型向集约型转变，有效缓解区域发展面临的资源环境压力，这是在区域层面和工业领域加快转变经济发展方式、调整产业结构的重要抓手。

国家生态工业示范园区建设是实现区域节能减排、保障环境安全的关键支撑，以工业园区为代表的工业集聚区是推动区域节能减排的关键。建设国家生态工业示范园区，通过推进结构调整、工程建设、管理强化和科技创新，有利于减少污染物排放、加强污染防治基础设施建设、不断完善环境风险防控机制，是在区域层面和工业领域实现节能减排、保障环境安全的关键支撑。

为贯彻《中华人民共和国环境保护法》《清洁生产促进法》《循环经济促进法》，推动工业领域生态文明建设，规范国家生态工业示范园区的建设和运行，生态环境部于 2015年发布《HJ 274—2015 国家生态工业示范园区标准》，标准规定了国家生态工业示范园区的评价方法、评价指标和数据采集与计算方法等内容，适用于国家生态工业示范园区的建设和管理，可作为国家生态工业示范园区的评价依据，以及建设规划编制、建设成效评估的技术依据，也可作为其他相关生态工业建设咨询活动的参考依据。

国家生态工业示范园区评价指标如表 7-3 所示。

表7-3　国家生态工业示范园区评价指标

| 分类 | 序号 | 指标 | 单位 | 要求 | 备注 |
|------|------|------|------|------|------|
| 经济发展 | 1 | 高新技术企业工业总产值占园区工业总产值比例 | % | ≥30 | 4项指标至少选择1项达标 |
| | 2 | 人均工业增加值 | 万元/人 | ≥15 | |
| | 3 | 园区工业增加值三年年均增长率 | % | ≥15 | |
| | 4 | 资源再生利用产业增加值占园区工业增加值比例 | % | ≥30 | |
| 产业共生 | 5 | 建设规划实施后新增构建生态工业链项目数量 | 个 | ≥6 | 必选 |
| | 6 | 工业固体废物综合利用率 | % | ≥70 | 2项指标至少选择1项达标 |
| | 7 | 再生资源循环利用率 | % | ≥80 | |
| 资源节约 | 8 | 单位工业用地面积工业增加值 | 亿元/km² | ≥9 | 2项指标至少选择1项达标 |
| | 9 | 单位工业用地面积工业增加值三年年均增长率 | % | ≥6 | |
| | 10 | 综合能耗弹性系数 | — | 当园区工业增加值建设期年均增长率＞0且≤0.6　当园区工业增加值建设期年均增长率＜0且≥0.6 | 必选 |
| | 11 | 单位工业增加值综合能耗 | 吨标准煤/万元 | ≤0.5 | 2项指标至少选择1项达标 |
| | 12 | 可再生能源使用比例 | % | ≥9 | |
| | 13 | 新鲜水耗弹性系数 | — | 当园区工业增加值建设期年均增长率＞0且≤0.55　当园区工业增加值建设期年均增长率＜0且≥0.55 | 必选 |
| | 14 | 单位工业增加值新鲜水耗 | m³/万元 | ≤8 | 3项指标至少选择1项达标 |
| | 15 | 工业用水重复利用率 | % | ≥75 | |
| | 16 | 再生水（中水）回用率 | % | 缺水城市达到20%以上　京津冀区域达到30%以上　其他地区达到10%以上 | |

续表

| 分类 | 序号 | 指标 | 单位 | 要求 | 备注 |
|------|------|------|------|------|------|
| 环境保护 | 17 | 工业园区重点污染源稳定排放达标情况 | % | 达标 | 必选 |
| | 18 | 工业园区国家重点污染排放总量控制指标及地方特征污染物排放总量控制指标完成情况 | — | 全部完成 | 必选 |
| | 19 | 工业园区内企事业单位发生特别重大、重大突发环境事件数量 | — | 0 | 必选 |
| | 20 | 环境管理能力完善度 | % | 100 | 必选 |
| | 21 | 工业园区重点企业清洁生产审核实施率 | % | 100 | 必选 |
| | 22 | 污水集中处理设施 | — | 具备 | 必选 |
| | 23 | 园区环境风险防控体系建设完善度 | % | 100 | 必选 |

## 思考题

1. 我国的绿色建筑评价体系与国外的主要区别是什么？

2. 生态工业园区的主要评价标准有哪些？

3. 请简述绿色园区评价指标体系。

## 参考文献

[1] 华兴国,龙泉,张雨晴,等.迭置指数法在工业园区地下水污染风险评价中的应用[J]. 四川环境,2024,43(3):19-28.

[2] 万诗羽,桑晶,田金平,等.工业园区清洁生产审核机制创新：内涵和路径[J]. 中国环境管理,2024,16(3):12-19.

[3] 刘晓宇,周长波,王幸智,等.工业园区清洁生产评价指标体系构建与应用[J]. 中国环境管理,2024,16(3):20-28+19.

[4] 钟玲,李晟昊,马旭东,等.减污降碳背景下的工业园区清洁生产审核技术研究[J]. 中国环境管理,2024,16(3):40-48.

[5] 孙大光,于瀚洋,庄琳.工业园区清洁生产审核目标设置新方法——园企协同法[J]. 环境科学导刊,2024,43(3):27-30.

[6] 魏飞,主晓琨,李沛东,等.基于能源互联网的新能源微电网优化调度策略研究[J]. 电子设计工程,2024,32(12):166-170.

[7] 孙大光,赵辉,李晓东.工业园区清洁生产审核评估与验收工作要点研究[J]. 环保科技,2024,30(3):54-58.

# 第8章 零耗建筑与低碳园区典型案例

**本章导读**

　　本章介绍我国典型的零耗建筑与低碳园区，包括某电网公司调度大楼低碳示范、某电动汽车智能充电综合服务楼宇示范、某高校园区低碳示范、某经济开发园区能源互联网低碳示范，通过对这些案例的导读与探讨，进一步了解低碳工业园区在开发上的最新前沿研究动态。

## 8.1 某电网公司调度大楼示范

### 8.1.1 建筑概况

　　该调度大楼项目总用地面积 $3.07 \times 10^4$ ㎡，总建筑面积 $10.6 \times 10^4$ ㎡，地上 12 层，地下一层，顶层为空中花园，负一层为设备机房、停车场。用电负荷呈季节性变化，主要为办公用电、照明用电、充电桩用电和供冷用电。调度大楼供暖周期为每年 11 月 15 日至次年 3 月 15 日，供冷周期为每年 5 月 15 日至 9 月 15 日。在供暖周期，用电负荷较低，为 3 320 ～ 4 280 kW·h，变压器处于轻载状态。在夏季供冷周期，用电负荷激增，日最高用电量可达 16 400 kW·h，超过供暖周期的 3 ～ 5 倍，变压器处于重 / 过载状态。由于调度大楼内无能源监测与管理系统，无法快速制定节能策略，存在变压器资产浪费、用能浪费等情况。

### 8.1.2 零耗建筑示范方案

　　项目在大楼调度管理中心部署综合能源智慧管控与应用平台；在变电所、冰蓄冷智慧供冷系统、储能 BMS 管理系统、管理系统、电锅炉系统、各楼层配电间、楼层会议室及办公室等子系统处部署各类物联终端；通过有线或无线通信方式实现对各子系统监测点的数据进行实时采集和管理，并汇聚到综合能源智慧管控与应用平台，实现对大楼冷、暖、电、水等数据的采集、汇总与分析，以及大楼多能互补、优化协调等高级服务的应用。其中，项目部署精准调控终端、物联断路器等七种物联终端合计 586 台，平台日接入数据量 573.44 万条，提供用能分析、运行管理和供能安全三类高级应用组件以及 11 项高级服务应用。总体部署如图 8-1 所示。

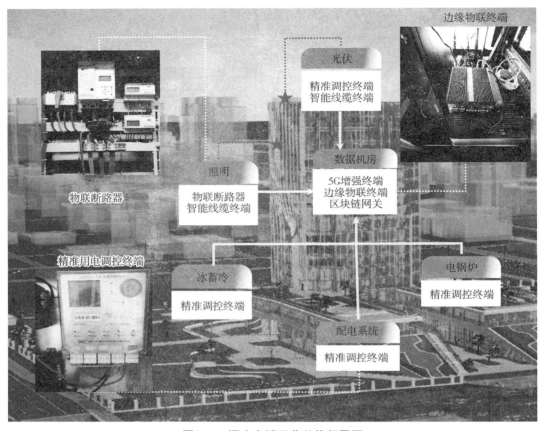

图8-1 调度大楼示范总体部署图

### 8.1.2.1 配电室监控系统信息交互

大楼配电室内有 10kV 高压配电柜一排，0.4kV 低压柜两排，两台 1 600kVA 的变压器，总容量为 3 200kVA，各类信息监测点合计 98 个，其中 10kV 高压侧 9 个，0.4kV 低压侧 87 个，变压器温控器 2 个。

物联终端部署在配电房现场通信机柜的右侧墙面，其工作电源可就近取自通信机柜内的交流单相 220V 电源。物联终端下行采集 98 个信息监测点的数据，并转换为标准通信规约后通过内网网络上传至综合能源智慧管控与应用平台，由平台进行后续的分析处理。（图 8-2）

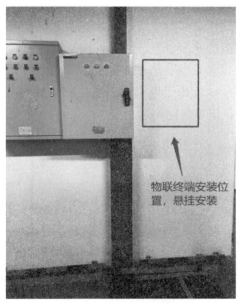

图8-2 配电室物联终端安装部署示意图

### 8.1.2.2 冰蓄冷智慧供冷系统信息交互

冰蓄冷智慧供冷系统位于大楼地下负一层，通过系统控制箱中的网关设备统一提供信息访问接口。物联终端部署在系统控制箱网关设备旁，通过以太网口与网关设备连接，实现冰蓄冷智慧供冷系统、综合能源智慧管控与应用平台之间的数据转发，如图 8-3 所示。同时，鉴于地下负一层网络无线信号弱，项目在冰蓄冷智慧供冷系统控制箱附近加装无线增强覆盖终端，保障网络通信的可靠性。

图8-3 冰蓄冷智慧供冷系统控制箱物联终端安装部署示意图

### 8.1.2.3 电锅炉系统信息交互

电锅炉供暖系统同样位于大楼地下负一层，整个系统采取 TCP/IP 协议对接方式接入。物联终端部署在系统控制箱的空余位置，并通过控制箱内的空开直接取电，并通过以太网口与控制箱内的系统网关设备通信，将采集到的数据通过 4G 无线上传至综合能源智慧管控与应用平台，如图 8-4 所示。由于电锅炉系统控制箱的 4G 信号较弱，计划在控制箱附近加装无线增强覆盖终端，以增强网络通信。

**图8-4　电锅炉系统控制箱物联终端安装部署示意图**

### 8.1.2.4 光伏发电系统信息交互

光伏发电系统位于大楼顶层，光伏组件安装在大楼顶层四个方向的玻璃幕墙上，并通过汇流箱连接至逆变器，再通过逆变器转换为 220V 交流电并入电网，如图 8-5 所示。光伏发电系统的逆变器部署在顶楼配电间外墙侧，物联终端部署在现场逆变器右侧墙面的配电箱内，工作电源就近取自配电箱的交流单相 220V 电源。物联终端与现场逆变器通过 RS485 有线通信方式连接，实现光伏发电系统信息采集，并通过 4G 无线上传至综合能源智慧管控与应用平台。

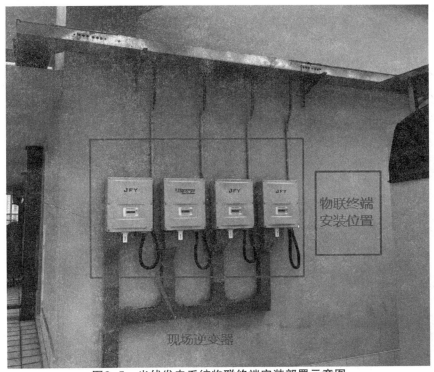

图8-5　光伏发电系统物联终端安装部署示意图

参照《综合能耗计算通则》(GB/T 2589—2020)及示范当地地方评价标准,大楼采用"基准期能耗—影响因素"模型进行能耗测量验证,在一年的统计周期内,单位建筑面积能耗降低了 7.96%。

# 8.2　某电动汽车智能充电综合服务楼宇示范

## 8.2.1　建筑概况

某电动汽车智能充电综合服务楼宇占地面积 10 亩,总建筑面积 $3×10^4$ ㎡,设有地下 2 层、地上 8 层、共计 430 个停车车位(含 390 个充电车位),总充电容量达 $1.2×10^4$ kW·h。建筑充电桩原为平面布局,且数量有限,存在电动汽车无序充电等用能问题。项目将充电桩由平面布局转向立体布局,并部署能源基础设施、监控设备、信息化平台等,综合应用大数据、云计算、综合能源等新技术,实现充电桩的"即插即用、无感支付",降低充电场站综合能耗。

## 8.2.2　零耗建筑示范方案

项目在楼宇部署综合能源智慧管控与应用平台,以及以物联终端为核心的监控系统,实现接入终端 338 个,日接入数据量 346.13 万条,提供有序充电、能量平衡分析、节能策略、能源诊断等增值服务，可以实时掌握新能源汽车充电站用能规律及峰谷电价，辅助运营商制定有序的充电策略，调整充电桩充电功率，同步与储能系统联动，实现各类资源灵活调度，如图 8-6 所示。

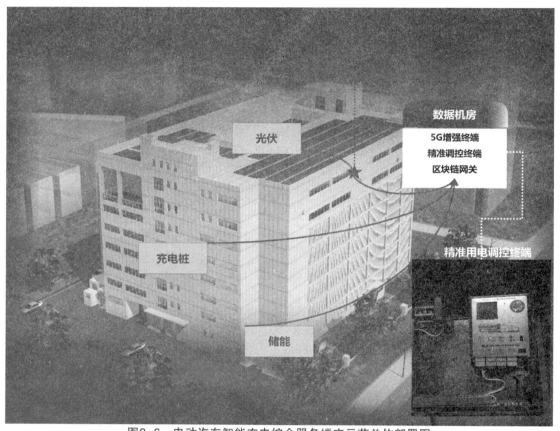

图8-6　电动汽车智能充电综合服务楼宇示范总体部署图

### 8.2.2.1　能源基础设施

电动汽车充电桩：南京江北智能充电停车楼宇共配置 430 个停车位，其中充电车位 390 个，部署了 7kW 交流充电桩、60kW/80kW 直流充电桩、300kW 超级充电桩、车网互动（V2G）充电桩等不同种类的充电基础设施，满足不同类型的用户需求，如图 8-7 所示。

图8-7　楼宇电动汽车充电桩部署示意图

光伏发电系统：楼宇利用楼顶面积约 1 000 ㎡ 的空闲无遮挡区域部署太阳能光伏发电系统，共敷设 285 Wp 单晶硅光伏组件 704 块，装机总功率约 200 kWp，年均发电量 22 万度，所发绿色电能由直流逆变为交流后接入楼宇 400 V 母线，通过楼宇能源管理系统协调优化控制，实现光伏发电的就地消纳与余电上网，如图 8-8 所示。

图8-8　楼宇光伏发电系统部署示意图

储能系统：楼宇建设两套 500 kW/1.5MW·h 储能系统，接入楼宇 10 kV 两段母线，每套储能系统由三组 313 节铅炭电池及相关设备组成，并由楼宇能源管理系统协调优化控制，支持并网 / 离网运行模式切换。在满足电动汽车用户充电需求的基础上，还可实现光伏发电能源消纳、电网削峰填谷，起到备用电源等作用，保障楼宇安全、可靠、经济运营，如图 8-9 所示。

图8-9　楼宇储能系统部署示意图

### 8.2.2.2　信息化平台

在楼宇控制室部署综合能源智慧管控与应用平台，接入光伏发电、储能配电室、空调系统、新风系统等综合能源数据，并进行监测、统计分析，实现停车充电一体化运营、微网协调优化控制、可控负荷自动需求响应、用户用能分析与优化等功能，促进节能减排。楼宇信息化平台部署示意图如图 8-10 所示。

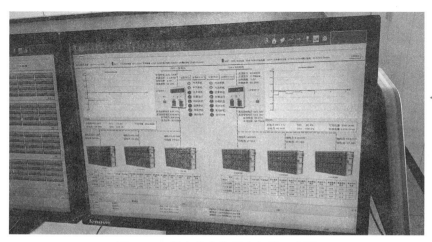

图8-10　楼宇信息化平台部署示意图

### 8.2.2.3　监控系统

高压监测系统：楼宇 10 kV 开闭所共有 10 kV 母线两条，每一条 10 kV 母线上有 0.4 kV 低压出线三条。通过在 10 kV 开闭所部署物联终端设备采集现场网关设备数据，实现对两条 10 kV 母线及相关设备的状态监控，并通过内网网络实时上传至综合能源智慧管控与应用平台。

低压监测系统：在楼宇开闭所、配电房的 0.4 kV 低压馈线柜出线电缆上加装电流互感器，在柜体后门内侧安装物联终端，物联终端之间通过 RS485 通信总线连接，再利用内网网络将数据实时数据上传至综合能源智慧管控与应用平台。

参照《综合能耗计算通则》（GB/T 2589—2020）及示范当地地方标准，采用"充电设施单位输出电量能耗量计算方法"模型进行能耗测量验证，在 1 年统计周期内，单位输出电量能耗整体降低了 5.46%。

# 8.3　某高校园区低碳示范

## 8.3.1　园区概况

某高校园区总占地面积约 240 万 ㎡，南北长约 2 220 m，东西宽约 920 m，服务学生 3.5 万余人，教职工 3 000 余人。园区宿舍、行政楼、教学楼采用独立分体式空调，教学楼部署人体传感装置，当室内人员到达标准值、室外温度达标准值后，室内空调允许开启；宿舍、行政楼无节能措施。图书馆安装两台水源热泵，四台 48kW 电热锅炉以及屋顶空气源热泵。冬季供暖，启用电锅炉预热水系统，水源热泵供热，空气源热泵补热；夏季以水源热泵为主，空气源热泵补充，存在电—热—冷多种能源协同性不足、独立运行能源消耗高的问题。

## 8.3.2　低碳园区示范方案

在园区控制室部署综合能源智慧管控与应用平台，接入了园区变配电系统、空调监控系统、视频监控系统、路灯监控系统、水泵监控系统、通信监控系统、电表数据采集系统等综合能源数据，实现园区能源运行态势的全感知、全监控。某高校园区示范总体部署图如图 8-11 所示。

根据应用场景，在园区变配电系统、空调监控系统、视频监控系统、路灯监控系统、水泵监控系统、通信监控系统、电表数据采集系统部署物联终端 1 811 个，实现各系统数据的本地采集，并通过有线或无线方式上传至综合能源智慧管控与应用平台，日接入数据量 1 868.07 万条。在平台侧开展数据计算、分析及处理，实现用能分析、运行管理和规划建设三类高级应用，这有效提高了用能效率，促进了节能减排。

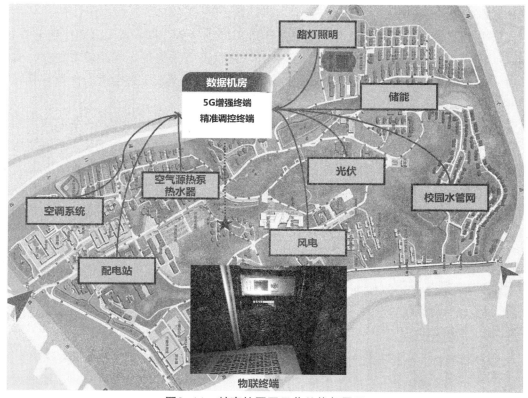

图8-11　某高校园区示范总体部署图

# 8.4 某经济开发园区能源互联网低碳示范

## 8.4.1 园区概况

项目总用地面积约 72 260 ㎡，其中高端高新产业与科研用地 58 814 ㎡，城市公园绿地与广场用地 2164 ㎡，道路用地 11 282 ㎡。总建筑面积 197 715 ㎡，其中地上建筑面积 109 765 ㎡，地下建筑面积 87 950 ㎡。园区通过应用地源热泵、智慧双向充电桩等电能替代技术，实现园区电气化率 100%；采用"大云物移智链"及数字孪生等数字化技术打造园区智慧大脑，实现园区智能管理、能源智慧管控和全景碳监测三位一体；同时通过 100% 的可再生清洁能源供暖，和高比例光伏、暖通空调优化、高效节能电器、高效数据机房、能源智慧化管理等节能降碳措施，旨在最终实现园区的零碳排放。

## 8.4.2 低碳园区示范方案

园区应用先进能源技术、通信技术、信息技术、控制技术，构建清洁低碳、安全可靠、协同互联、高效互动、智能开放的智慧能源系统，构建具备"一体两翼"的近零碳示范工程，其中"一体"指综合能源智慧管控与应用平台，"两翼"指清洁能源工程和节能提效工程。（图 8-12）

**图8-12　某经济开发园区能源互联网示范总体部署图**

### 8.4.2.1　综合能源智慧管控与应用平台建设

园区通过建设综合能源智慧管控与应用平台，接入源网荷储监控系统、感知设备、定位系统，利用大数据和人工智能、三维可视化等技术，实现园区的智慧运行、智慧调度、智慧运维和智慧运营，打造绿色低碳、安全高效、智慧友好、引领未来的现代智慧能源系统，发展园区智慧用能新模式。

（1）智慧运行

面向综合能源全环节进行监测管理，实现园区内主要是能源子系统供给、消费、环境（温度、湿度等）信息的实时监测与异常告警。采用横纵双向模式，横向包括"源网荷储"，即能源站、低压配网、负荷侧、储能等监测；纵向如能源生产可逐步下钻至能源系统监测和能源设备监测。通过全方位、立体式的深度感知和全景监测，对能源每一个"神经元"的实时运行状态了如指掌，为精益生产、智能运维、用能服务提供科学、详实的数据支撑。

（2）智慧调度

利用大数据和人工智能技术，基于各能源系统模型与优化控制算法，制定园区级源网荷储协调运行与综合能源系统多时间尺度协同优化调控策略。按照经济最优、绿色最优、可靠性最优、综合最优等控制策略指导各能源子系统出力；对园区可调节负荷进行分项管理，按场景对新能源发电站、储能、有序充电桩、V2G充电桩、用户侧负荷智能化自动控制，实现用能区域"模块化"精细控制；与城市级虚拟电厂等平台进行实时互动，支撑并参与电力市场化业务。

（3）智慧运维

利用三维可视化技术，对园区新能源电站、储能电站、充电站、企业负荷侧信息发布等进行系统集成和可视化展示，实现设备在线监测、设备资产管理、环境管理、检维修管理、巡检管理，实现对泛能源设备设施全生命周期的管理。基于能源全景感知监测和故障全域知识库，进行故障自动识别、故障原因分析、故障影响分析，自动给出故障处理建议（包括故障处理方案、携带工具建议、最优路径规划等）；通过实时掌握的人、物状态，对人员、物资、车辆进行合理的资源调配，实现智能派单，并将处置结果及时反馈至系统，实现运维的闭环管理。

（4）智慧运营

智慧运营对园区各能源子系统的消费成本、收入成本、节能量、成本利润分析等关键指标进行运营分析，辅助开展运营管理决策。

对园区整体能效、分析能效、设备运行状态进行关键指标提取，开展同比、环比、对标等多维度分析，对园区能源利用效率、消耗水平、能源经济和环境效果进行综合评价，形成综合能源系统综合评价指标体系，并定期生成能源运行报告，及时了解园区能源整体运行情况。

（5）精准用能

精准用能通过在现有设备的基础上，设置末端传感器等元器件，利用软件自动优化控制设备运行，设置智能照明、智能空调、智能新风等控制模式，大幅提升暖通设备输出效能，降低设备用电。

（6）低碳用能

建设园区级碳排放管理系统，打造园区能源消耗及碳排放数据中心，实现园区、企业、建筑能耗及碳排放数据的集约化、智能化管理，科学分析园区碳排放数据，挖掘区域减排空间，提高园区能源及碳排放管理智能化水平，促进园区绿色节能、高效运营、可持续发展。

（7）巡检定位子系统

定位子系统采用 UWB 超宽带定位技术，通过在园区部署定位基站，为人员、车辆、物资佩戴定位标签。标签和基站通过 UWB 脉冲信号进行通信，基站将标签的信息数据采集并转发给定位服务器，通过 TWR 定位算法精准定位人、车、物的实时位置，将精准的位置信息上传至上层应用，进行人员的轨迹追踪，实行电子围栏管理，从而提高人员的作业效率，协助改善巡检运维抢修流程，提高智慧管理水平。

### 8.4.2.2　清洁能源工程

（1）分布光伏发电建设

园区可利用屋顶面积 $2.7 \times 10^4$ ㎡，根据园区光资源分布和屋顶情况综合分析，园区所有屋面可以建设约 3.4MW 分布式光伏电站，预计首年平均发电量 396 万度，2025 年平均年发电量 351.7 万度，年度碳排降低 2 034 t。

（2）电动汽车充电站建设

在园区停车场建设 50 台充电桩，充电桩数量按照 60kW 直流充电桩 35 台，15kW 交流充电桩 15 台。其中，20 台直流充电桩配备车网互动（V2G）功能，如图 8-13 所示。按照每年 360 天，每日运行时间 6h，平均使用率 20% 计算，年充电量约 100 万度运作。

图8-13　电动汽车充电站建设示意图

（3）光伏座椅

光伏座椅系统通过定制开发，将太阳能电池板覆盖安装在座椅上，设备配置一定数量的有线无线充电、蓝牙音响、无线 WiFi、感应照明，可为用户提供手机和便携式电脑充电、无线上网、照明等功能，如图 8-14 所示。

图8-14　光伏座椅建设示意图

（4）光伏垃圾箱

光伏垃圾箱集成电脑控制芯片、智能感应探测装置、机械压缩、智能语音播报、手势感应等技术，实现使用者与箱体的零接触，可减少公共垃圾造成的细菌传播及交叉感染，防止垃圾异味的溢出，如图 8-15 所示。

图8-15　光伏垃圾箱建设示意图

### 8.4.2.3　节能提效工程

（1）更换制冷机组

在大型公建的能源消耗中，空调系统具有很高的占比，冷机是空调系统中的能耗大户，冷机能耗占空调系统能耗的比例超过园区近一半建筑的50%以上。目前，园区离心式制冷机组已经分别运行22~26年之久，而此类型机组已经超过或者接近寿命25年的期限，其制冷COP已经远低于现在的最新机组。风冷式螺杆制冷机组已经运行18年，此类型机组的理论寿命期为15年，也已经超过其运行寿命，制冷效率大大降低。因此，更换机组既可以解决机组老化问题，又可以提升制冷效率，降低运行成本。园区将7台离心制冷机组和4台螺杆制冷机组全部更换为组合式空调机组。

（2）增加冷源群控

通过气象局的最新天气预测来对之后的空调末端运行进行提前变动，并且对已有线路全部进行重新梳理，包含温度传感器测点、压力传感器测点、液位传感器测点、流量计测点、热量计测点以及远传电动调节阀控制、变频器控制和冷机全状态综合监控及控制，增加或更换DDC控制柜，使其全部纳入综合能源智慧管控与应用平台。

（3）水泵变频改造

原机组都是定流量运行，需进行变频改造，将系统改为变流量运行，在水泵运行方面提高效率，园区内将14台工频冷冻泵（冷却泵）控制柜全部更换为变频控制柜。

（4）管网末端改造

使用能源末端的节能创新技术，来进一步降低能耗。在各区域以及楼层内加装远传热量计或温度传感器，并且加装电动调节阀，来对各个区域进行天气预判。通过AI精准确定每条末端用冷负荷，可以自动调节用冷量，并在系统内自动生成实时用能数据，确定管网负荷的高耗能点，可实现对每个大楼楼层暖通冷水温度的精确控制。

（5）变压器节能改造

将（总）配电室（高压配电室和低压室）、分配电室和一号馆地下配电室的10台变压器更换为最新 S13 节能变压器。根据查表对比老旧变压器和新型变压器年度损耗，预计年节能电量为 21.24 万度。

经过新建与改造，园区能源互联网项目年节约电量 498.1 万度，年节约费用 449.72 万元。园区年碳排量 3 822.3 t，年平均碳减排量 2 894 t，年均碳减排 75.7%。

## 思考题

1. 是否可以引入更多可再生能源（如风能、地热等）或与其他低碳园区进行能源互联？请探讨这如何促进项目的长期可持续发展。

2. 综合能源智慧管控与应用平台如何实现对楼宇内各类能源设施的集中监测、协调优化和智能调度？平台在促进节能减排、提升能源利用效率方面有哪些具体应用案例？

3. 随着物联网、大数据、人工智能等技术的不断发展，未来园区智慧化建设将如何进一步融合这些先进技术？这些技术如何推动园区实现更高水平的智慧化管理和零碳排放目标。

## 参考文献

[1] 王伟亮，王丹，贾宏杰，等. 能源互联网背景下的典型区域综合能源系统稳态分析研究综述 [J]. 中国电机工程学报，2016，36（12）：3292-3305.

[2] 程林，张靖，黄仁乐，等. 基于多能互补的综合能源系统多场景规划案例分析 [J]. 电力自动化设备，2017，37（6）：282-287.

[3] 崔全胜，白晓民，董伟杰，等. 用户侧综合能源系统规划运行联合优化 [J]. 中国电机工程学报，2019，39（17）：4967-4981.

[4] 管霖，陈鹏，唐宗顺，等. 考虑冷热电存储的区域综合能源站优化设计方法 [J]. 电网技术，2016，40（10）：2934-2941.

[5] 王珺，顾伟，陆帅，等. 结合热网模型的多区域综合能源系统协同规划 [J]. 电力系统自动化，2016，40（15）：17-24.

[6] 中国电力企业联合会. 冀北泛在电力物联网虚拟电厂示范工程投运 [EB/OL]. [2019-12-12].

[7] 何畅，程杉，徐建宇，等. 基于多时间尺度和多源储能的综合能源系统能量协调优化调度 [J]. 电力系统及其自动化学报，2020，32（2）：77-84,97.

[8] 甘霖，陈瑜玮，刘育权，等. 含可再生能源的微网冷—热—电多能流协同优化与案例分析 [J]. 电力自动化设备，2017，37(6)：275-281.

[9] 郭思琪，袁越，张新松，等. 多时间尺度协调控制的独立微网能量管理策略 [J]. 电工技术学报，2014，29(2)：122-129.

[10] Hassine I B, Eicker U. Impact of load structure variation and solar thermal energy integration on an existing district heating network[J]. Applied Thermal Engineering, 2013,

50(2): 1437−1446.

[11] 吴强 , 程林 , 黄河 , 等 . 基于层次分析法的能源互联网综合能效评估方法 [J]. 电气应用，2017(17):66−72.

[12] Huang J, Li Z, Wu Q H. Coordinated dispatch of electric power and district heating networks: A decentralized solution using optimality condition decomposition[J]. Applied Energy, 2017, 206: 1508−1522.